U0250209

海洋地理信息系统

分析与实践

柳林　李万武　许传新　程鹏　魏国忠　编著

WUHAN UNIVERSITY PRESS
武汉大学出版社

图书在版编目(CIP)数据

海洋地理信息系统分析与实践/柳林等编著.—武汉:武汉大学出版社,2018.1
ISBN 978-7-307-19981-1

Ⅰ.海…　Ⅱ.柳…　Ⅲ.海洋地理学—地理信息系统—研究　Ⅳ.P72

中国版本图书馆 CIP 数据核字(2017)第 329638 号

责任编辑:鲍　玲　　　责任校对:汪欣怡　　　版式设计:马　佳

出版发行:**武汉大学出版社**　　430072　武昌　珞珈山)
　　　　(电子邮件:cbs22@ whu.edu.cn　网址:www.wdp.com.cn)
印刷:湖北金海印务有限公司
开本:787×1092　1/16　　印张:13.5　　字数:320 千字　　插页:1
版次:2018 年 1 月第 1 版　　2018 年 1 月第 1 次印刷
ISBN 978-7-307-19981-1　　　定价:29.00 元

前　　言

近年来，由于海洋资源开发、海洋环境保护、海洋信息管理等的需要，促使海洋地理信息系统开发迅速兴起；国家蓝色经济的发展策略更是加速了海洋地理信息系统的发展。海洋地理信息系统是融合了计算机技术、测绘技术、海洋地理、信息技术、数据库、图形图像处理、海图制图等技术，以海洋空间数据及其属性为基础，记录、模拟、预测海洋现象的演变过程和相互关系，集管理、分析、可视化功能于一体的面向海洋领域的地理信息系统。海洋地理信息系统是 GIS 在海洋领域的拓展和应用，是海洋科学的有机组成部分，是"数字地球"之"数字海洋"建设必不可少的组成。其将 GIS 的理论、方法和技术应用于海洋数据的管理、处理和分析中，采用空间思维来处理海洋学的相关问题，符合技术发展趋势，具有重要意义。

作者从事海洋地理信息系统教学、科研、软件研发与工程应用多年，积累了较为丰富的海洋地理信息系统相关知识储备。2011 年起主讲海洋测绘专业本科生的"海洋地理信息系统"课程，但苦于没有一本合适的实验教材。目前，海洋地理信息系统方面的书，都属于专著，强调科研成果展现，缺乏整个海洋地理信息系统知识体系的全面介绍，缺乏海洋地理信息系统实验操作的相关内容，作为课程的实验教材不甚适合。而地理信息系统实验、实践教程，其内容和海洋现象契合不够紧密。因此，编著一本海洋地理信息系统空间分析、实验、实践的教材很有必要。这次终于可以将海洋地理信息系统相关的实验、实践的内容和操作进行梳理，整理出完整的实践体系和清晰的逻辑结构，编著成教材。此教材既包括海洋地理信息系统的单项实验和分析，又包括海洋地理信息系统综合实践，可以作为没有 GIS 操作和实验基础的海洋相关专业学生的实验教材，也可以作为作者之前出版的煤炭教育"十三五"规划教材《海洋地理信息系统》的配套教材。对于海洋测绘、海洋信息管理、资源环境、海洋遥感等相关专业老师、学生与科研人员，无疑可以起到很好的参考及引导作用。

全书实验体系完整，包括了从海洋数据采集、编辑到管理，从海洋矢量、栅格数据的空间分析到空间建模，从海图制图到海洋三维可视化等内容。全书共 18 章，第 1 章为 ArcMap 基本操作，详细介绍了 ArcMap 的界面组成和基本操作。第 2 章为海洋数据矢量化，主要介绍了从新建数据库到点、线、面矢量化的详细步骤。第 3 章为海洋数据拓扑处理，介绍了查找拓扑错误与修复拓扑错误等操作。第 4 章为海洋空间数据管理，主要介绍了建立 Shapefile 文件与地理数据库的操作步骤。第 5 章为海洋空间缓冲区分析，分别介绍了创建点、线、面要素图层缓冲区的操作方法，并以海洋污染区为例介绍了建立缓冲区的应用。第 6 章为海洋空间叠加分析，详细介绍了相交分析等各项叠加分析的操作方法。第 7 章为海洋空间网络分析，介绍了从建立网络数据集到查找最近服务设施等各项操作步骤。第 8 章为海洋栅格空间分析，介绍了海洋栅格数据的空间分析方法。第 9 章为海洋空间数据插值，主要介绍了反距离权重插值、克里金插值等操作方法。第 10 章为洱海水域地形分析，详细介绍了 TIN 与 DEM 的生成方式，坡度、坡向、地形分析及可视性分析的操作方法。第 11 章为海洋空间基本建模，主要介绍了模型构建与执行的操作方法。第 12 章为海洋地图制图，介绍了从数据符号化到地形渲染的海图制作方法。第 13 章为 ArcScene 海洋三维可视化，介绍了利用 ArcScene 进行三维可视化的操作方式。第 14 章为基于 ArcGlobe 的海洋三维可视化，主要介绍了利用 ArcGlobe 进行海洋三维可视化的具体操作，并对三维动画制作与展示进行了详细讲解。第 15 章为基于 CityEngine 的海洋三维可视化，主要介绍了利用 CityEngine 实现三维可视化的操作方式。第 16 章为海岸线变化动画制作，主要介绍利用 ArcMap 时间滑块和 Flash 等软件制作海洋相关动画的方法。第 17 章为海风三维可视化实现，介绍了利用影像数据底图与海风数据制作海风三维可视化的操作方法。第 18 章为数字海洋养殖模型建立，详细介绍了利用 ArcGIS 进行地理分析操作的方法和步骤。

本书是作者多年海洋地理信息系统领域教学经验与实践工作的结晶。本书的编写得到山东省研究生导师指导能力提升项目、青岛经济技术开发区重点科技计划项目(2013-1-27)的资助，特此鸣谢！

本书由山东科技大学的柳林老师和李万武老师负责总体设计、内容编排、定稿，山东省地质测绘院的许传新高工、山东省国土测绘院的魏国忠高工参与部分章节的编著，山东科技大学的程鹏负责软件操作和功能实现。参与编写的还有山东科技大学的满苗苗、郭慧、刘晓、刘沼辉、酒心愿、邹健、颜亮等。

尽管本书在编著的过程中，反复斟酌、数易其稿，但由于知识和软件的更新速度及作者水平所限，书中难免有错误和不妥之处，敬请批评指正。批评和建议请致信 liulin2009@126.com。也欢迎相关专业老师、学生及研究人员致信，共同探讨海洋地理信息系统的相关问题。(本书中的相关数据资料与课件已交给出版社，联系电话：027-87215815)

柳林

2017 年 9 月 22 日于青岛山东科技大学

目　　录

第1章 ArcMap 基本操作

1.1 实验目的

通过实验掌握 ArcMap 软件的基本操作，包括熟悉 ArcMap 的界面组成，掌握海洋数据的添加和管理，以及海洋数据符号化和要素查询等操作。

1.2 实验要求

在 ArcMap 窗口添加矢量地图数据，对数据图层进行重命名、顺序显示、按比例缩放等操作，同时对数据进行单一符号化、独立值符号化、分级化操作，并对数据的属性信息进行查询和显示。

1.3 实验数据

ArcMap 基本操作采用胶州湾海域的文件地理数据库"JZW.mdb"中的胶州湾的点"ZJWPoint"、线"JZWLine"、面"JZWPolygon"等矢量数据，结果数据为"jaw.mxd"。

1.4 软件配置

采用 ArcGIS10.0 以上版本的 ArcMap 软件，实现地图制图、地图编辑、地图分析等功能。ArcMap 软件提供了数据视图和布局视图两种浏览数据的方式，可以完成一系列高级 GIS 任务。

1.5 ArcMap 界面

1.5.1 ArcMap 窗口组成

打开 ArcMap 后，显示 ArcMap 的操作界面，如图 1.1 所示。

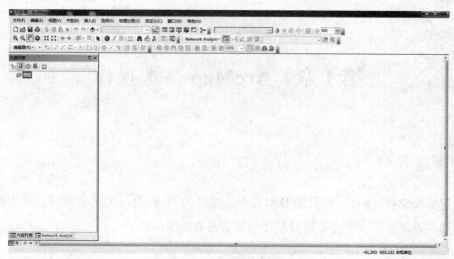

图 1.1　ArcMap 操作界面

图 1.1 中显示 ArcMap 界面主要包含了菜单栏、工具条、内容列表、地图视图、状态条等部分。这些都是标准 Windows 窗体的组成部分。

①菜单栏：包含了 ArcMap 各种功能菜单，主要有：文件、编辑、视图、选择、工具、Windows、帮助等。

②工具条：可以定制的窗口元素，可以快速使用系统功能。一般把常用的系统功能定制为工具条以方便使用。

③内容列表：显示所加载的数据列表、通过内容列表可以控制图层的表现方式和图层的显示顺序等。

④地图视图：数据显示的场所，可以分为数据视图和布局视图。

⑤状态条：显示当前 ArcMap 的状态，动态显示坐标信息等。

在 ArcMap 中进行各种操作时，操作对象是一个地图文档。一个地图文档可以包含多个数据框架，根据数据集依次形成数据框架。一个地图文档存储在扩展名为 .mxd 的文件中。

1.5.2　ArcMap 界面操作

（1）使用内容列表

内容列表中包含了所有地图的图层。可以使用内容列表添加、删除图层，或者控制图层的表示。可以选择按【绘制顺序】显示图层中数据的顺序，或者选择【按源列出】来显示数据来源和数据组织。

（2）显示隐藏图层

在内容列表中选中图层左边的复选框，该图层在地图中是可见的，如果取消了复选框则该图层在地图中是不可见的。图层隐藏前与隐藏后分别如图 1.2 和图 1.3 所示。

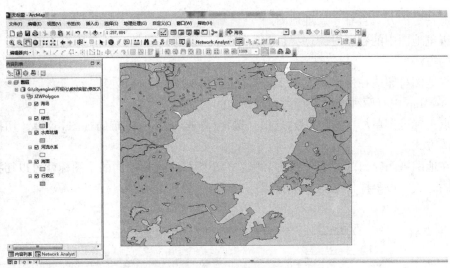

图 1.2 图层隐藏前

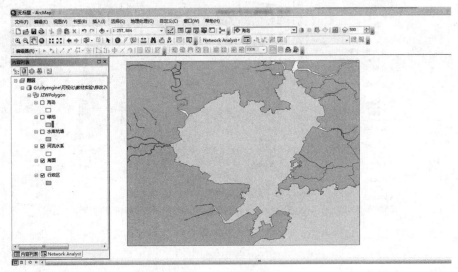

图 1.3 图层隐藏后

（3）显示图层的图例

在内容列表中单击任意一个图层名称左边的【+】或【－】，控制显示或隐藏该图层的图例。

（4）显示数据框的内容

一个地图文档可以包含多个数据框。在 ArcMap 中操作的当前数据框在内容框中以黑体显示其名称。单击内容列表中的数据框左边的【+】或【－】，控制显示或隐藏该数据框所包含的图层。

（5）切换两种视图

ArcMap 可以选择【数据视图】和【布局视图】两种视图方式来显示地理数据。每种视图都可以以特定的方式查看和处理地图。

在浏览地图中的数据时，选择【数据视图】，数据视图是一种多用途查看、显示、查询数据的方法。

要将地图打印或在网络上发布，需要在【布局视图】下进行处理。

在 ArcMap 中有两种方法进行两种视图之间的切换：

①点击标准菜单栏中的【视图】选项，选择【数据视图】或【布局视图】菜单，切换到相应的视图方式。

②在地图视图窗口的左下角有两个相应的小图标。选择不同的小图标就可以切换到相应的视图方式，以上操作如图 1.4 所示。

图 1.4　视图切换

1.6　基本工具栏

ArcMap 的基本工具栏如图 1.5 所示。

图 1.5　基础工具栏

基本工具栏主要包括放大、缩小、漫游、全图显示、固定比例放大缩小、前一视图或后一视图、要素选择、元素选择、识别、超链接、HTML 弹出窗口、量算工具、查找、查找路径、转到 XY 等工具。

4

1.7 打开地图文档

1.7.1 在 ArcMap 中打开地图

在菜单工具条上单击 (打开)按钮,指向包含地图的文件夹,然后单击需要打开的地图文档,点击【打开】,如图 1.6 所示。

图 1.6 在 ArcMap 中打开地图

1.7.2 从 ArcCatalog 中打开地图

启动 ArcCatalog 应用程序,指向包含地图文档的文件夹。单击 (缩略图)按钮,查看文件夹中的地图。双击该地图文档,可以启动 ArcMap 来打开该地图文档,如图 1.7 所示。

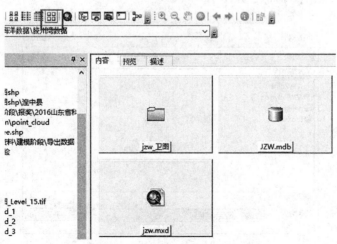

图 1.7 在 ArcCatalog 中打开地图

1.7.3　打开最近打开过的地图

点击标准菜单栏中的【文件】选项，在已经打开过的地图列表中点击需要打开的地图，如图 1.8 所示。

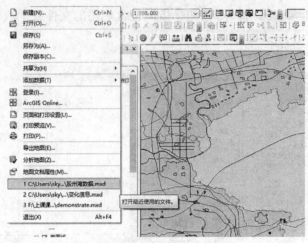

图 1.8　打开最近使用过的地图

1.8　数据添加

①在 ArcCatalog 中添加数据。启动 ArcCatalog，在 ArcCatalog 中打开"JZWLine"线图层数据，把数据从 ArcCatalog 中直接拖动到 ArcMap 中。

②使用 ArcMap 的 ✛▾（添加数据）按钮添加数据。单击 ✛▾（添加数据）按钮，找到"JZWLine"图层，点击【添加】，如图 1.9 所示。

图 1.9　数据添加

　　数据可以进行多项添加，添加进来的数据会呈现在地图视图界面中，要素信息会显示在窗口左侧的内容列表中，内容列表显示各图层的基本信息。

　　数据添加完毕后，如果在地图视图窗口中找不到相应的显示要素，可以右键点击内容列表中的某个要素，选择【缩放至图层】，地图将按适当比例显示在地图视图中。在内容列表中，一个图层就表示某种专题信息。

1.9　图层管理

　　(1)改变图层的名称

　　在内容列表中单击选中的目标图层，再次单击，图层名称高亮显示，进入编辑状态，输入新的图层名称，按回车键确定修改。

　　(2)改变地图要素的描述(比如专题图例说明文字)

　　在内容列表中单击选中的目标文字，再次单击，文字被高亮显示，进入编辑状态，输入新的描述名称，按回车键确定修改。

　　(3)改变图层的显示顺序

　　在内容列表中单击某一图层，向上或向下拖放，黑色线表示图层放置的位置，在目标位置释放鼠标，把图层放置在新的位置上。

　　(4)移除图层

　　在内容列表中右键单击所需要移除的图层，选择【移除】，从地图中移除该图层。

　　(5)按比例显示图层

　　①设置图层的可见比例尺范围。右键点击内容列表中的某个图层，选择【属性】，在【常规】选项卡的"比例范围"中输入该图层的一个最小比例尺数值，如果缩小到这个比例尺以下，该图层不会显示；输入该图层的一个最大比例尺数值，如果放大到这个比例尺以上，该图层不会显示，单击【确定】完成设置，如图1.10所示。在ArcMap中缩放地图查看效果。

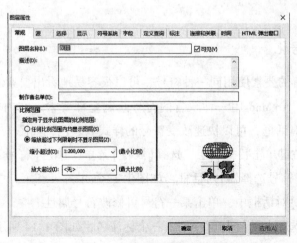

图1.10　设置可见比例尺范围

②在当前比例尺基础上设置可见比例尺范围。调整数据框，使图层在一个合适的比例尺下显示。右键点击目标图层，选择【可见比例范围】，点击【设置最小比例】或【设置最大比例】，如图 1.11 所示。在 ArcMap 中缩放地图查看效果。

图 1.11　设置可见比例范围

③清除图层的可视比例尺范围。右键点击需要清除可视比例尺范围的图层，选择【可见比例范围】，点击【清除比例范围】，完成对图层可见比例尺的清除。

1.10　符号化操作

1.10.1　单一符号化

一个图层中所有的要素使用同一种符号，可以很容易地看出要素所在的地理位置。当创建一个新图层时，ArcMap 用一种缺省的符号绘制全部要素。在内容列表中单击符号，出现【符号选择器】对话框，可以快速改变符号的样式和颜色，如图 1.12 所示。

在内容列表中右键单击目标图层，选择【属性】菜单，单击【符号系统】选项卡并选择【符号】按钮，打开【符号选择器】对话框，如图 1.13 所示。

在【符号选择器】对话框中，单击某一符号可修改符号属性。

在【符号系统】选项卡的【图例】中输入一个标注名，如图 1.14 所示。

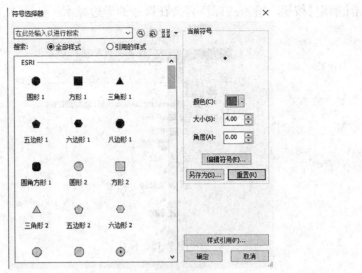

图 1.12　符号选择器

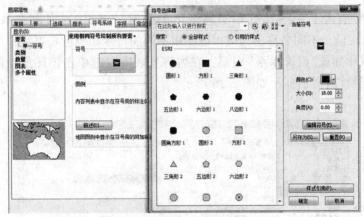

图 1.13　【符号选择器】对话框

图 1.14　输入标注

点击【确定】按钮，输入的标注名会在符号的旁边显示，如图 1.15 所示。

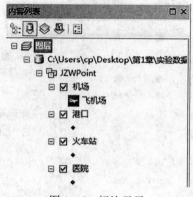

图 1.15　标注显示

1.10.2　独立值符号化

图层的类型描述了一些具有相同属性值的要素。例如，"河流水系"图层，根据"Name"这一字段值，不同名称的河流可以使用不同的符号和颜色来表示。

在 ArcMap 中加载"河流水系"图层，在内容列表中右键单击该图层，选择【属性】菜单，打开【图层属性】对话框，如图 1.16 所示。

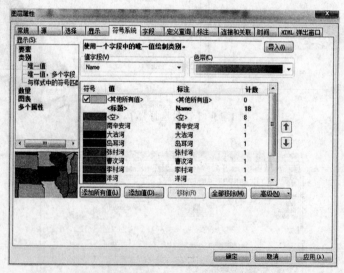

图 1.16　独立值设置

在【图层属性】对话框中点击【符号系统】选项卡，选择【类别】后点击【值字段】下拉箭头，选择所使用的字段"Name"，单击【色带】下拉箭头选择一个颜色方案，然后单击【添加所有值】，把所有独立值添加到列表中。如果需要修改描述，则单击符号条目中的【标

10

注】选项卡，单击【确定】，独立值符号化结果如图 1.17 所示。

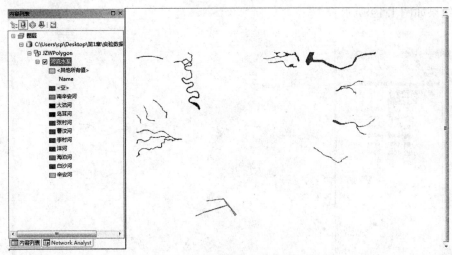

图 1.17　独立值符号化结果图

1.10.3　分级色彩符号化

空间地理数据可以通过改变符号的颜色来表达某属性数量的变化。例如，可以使用浅色来代表面积较小的河流，而用深色来代表面积较大的河流。

在内容列表中右键单击"河流水系"图层，选择【属性】菜单，打开【图层属性】对话框，如图 1.18 所示。

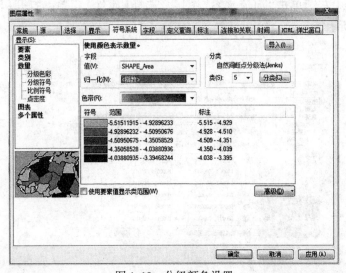

图 1.18　分级颜色设置

在【图层属性】对话框中选择【属性】菜单，单击【符号系统】选项卡后单击【数量】条

11

目，选择【分级颜色】，单击【值】下拉箭头，选择目标字段"SHAPE_Area"，单击【色带】下拉箭头，选择色阶，单击【类】下拉箭头，选择要分类的数目，单击【确定】，分级色彩符号化结果如图 1.19 所示。

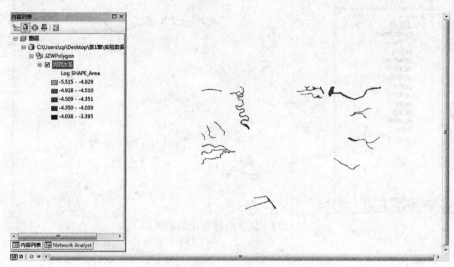

图 1.19　分级色彩符号化结果图

1.10.4　分级符号化

空间地理数据可以通过改变符号的大小来表达某属性数量的变化。例如，可以使用小符号来代表面积小的河流，而用大符号来代表面积大的河流。

在内容列表中右键单击"河流水系"图层，选择【属性】菜单，打开【图层属性】对话框，如图 1.20 所示。

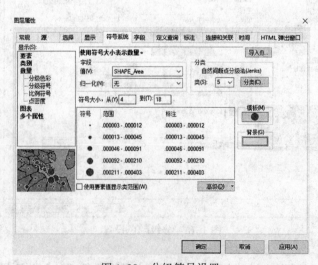

图 1.20　分级符号设置

12

在【图层属性】对话框中选择【属性】菜单，单击【符号系统】选项卡后选择【数量】条目。选择【分级颜色】，单击【值】下拉箭头，选择目标字段"SHAPE_Area"，单击【色带】下拉箭头，选择色阶，单击【类】下拉箭头，选择要分类的数目，单击【确定】，分级符号结果如图1.21所示。

图1.21　分级符号结果图

1.10.5　密度图符号化

面状地理数据可以使用点密度填充方式来表示该面对象中数值的属性信息。例如，可以根据海域生物的种类对海洋的面特征数据进行填充。生物种类多的海域中，填充的点数量相对要多，生物种类少的海域中，填充的点数量相对要少。

在内容列表列中右键单击"河流水系"图层，选择【属性】菜单，打开【图层属性】对话框，如图1.22所示。

图1.22　密度图设置

在【图层属性】对话框中选择【属性】菜单，在【符号系统选】选项卡中单击【数量】条目，选择【点密度】，单击【值】下拉箭头，选择目标字段，设置【点符号】的大小，定义每个点代表的数量，单击【确定】，点密度符号化结果如图 1.23 所示。

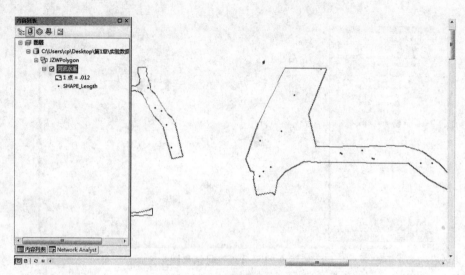

图 1.23　点密度符号化结果图

1.11　检查要素图层

1.11.1　查询地理要素

通过点击基本工具栏中的 (放大)按钮，对地图进行放大操作，点击该图标右侧的 (缩小)按钮，可以对地图进行缩小操作，同时，鼠标的滚轮也具备放大与缩小地图的功能。点击 (平移)按钮，可以对地图进行平移操作，配合使用放大缩小与平移操作，可以更清楚地浏览单个或者整个地图要素。

在 ArcMap 中，可以通过查询其属性的方式来了解某个要素的属性信息。具体操作步骤如下：在【工具栏】上点击 (查询)按钮，在地图上点击要查询的要素，打开【识别】对话框，可以看到该要素的属性信息，如图 1.24 所示。

1.11.2　检查其他属性信息

在内容列表中选择"河流水系"图层，右键点击选择【打开属性列表】，打开与"河流水系"图层相关的属性表窗口，如图 1.25 所示。

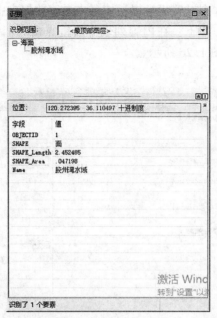

图 1.24 点击查询

图 1.25 查看属性表

属性表中的每一行是一个记录，每个记录表示"河流水系"图层中的一个要素。以同样的方法打开其他图层查看对应的属性表信息。

1.11.3 设置并显示地图提示信息

使用地图提示是获取指定要素属性信息比较简单的一种方式，地图提示以文本方式显示某个要素的某一属性，把鼠标放在某个要素上面的时候，将会显示地图提示。地图提示功能可以在图层属性对话框中设置而且提示信息来自于数据表中预先设置的某一个字段。

地图提示信息设置操作如下：在内容列表中右键点击"河流水系"，选择【属性】，打开【图层属性】对话框，如图 1.26 所示。

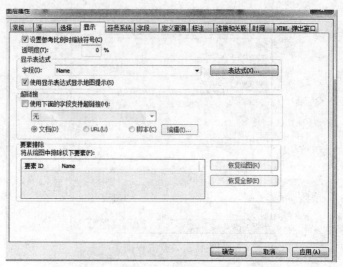

图 1.26　地图标注信息

在【图层属性】对话框中点击【显示】选项页。通过设置主显示字段来设定地图提示信息的对应字段。可以指定任一个属性字段作为地图提示字段。默认情况下，ArcGIS 使用字段"Name"作为地图提示字段，也可以改变为其他的字段，同时选中【使用显示表达式显示地图显示】，点击【确定】，将鼠标停留在"河流水系"中图层的任意一个要素之上，这个要素的"Name"就作为地图提示信息显示出来，如图 1.27 所示。

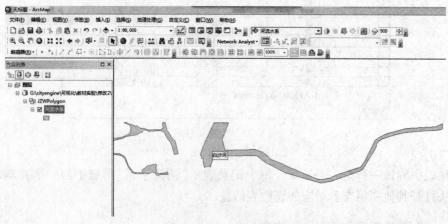

图 1.27　提示信息显示

1.11.4 根据属性选择要素

根据属性选择要素，即需要显示满足特定条件要素，如定位到“汽车站”图层中的“沧口汽车站”。

在 ArcMap 内容列表中右键点击“汽车站”图层，选择【打开属性表】，如图 1.28 所示。

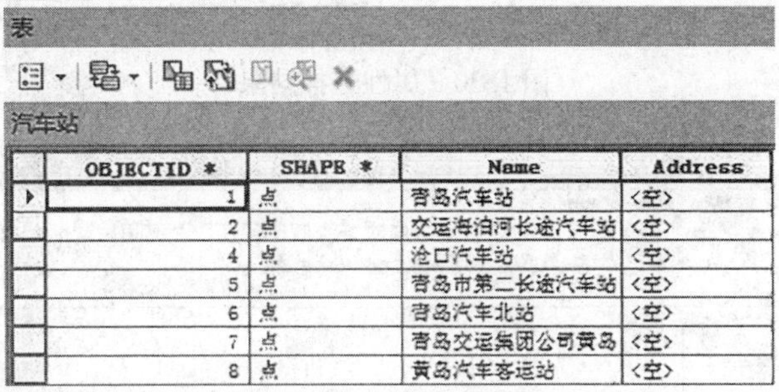

OBJECTID *	SHAPE *	Name	Address
1	点	青岛汽车站	<空>
2	点	交运海泊河长途汽车站	<空>
4	点	沧口汽车站	<空>
5	点	青岛市第二长途汽车站	<空>
6	点	青岛汽车北站	<空>
7	点	青岛交运集团公司黄岛	<空>
8	点	黄岛汽车客运站	<空>

图 1.28 汽车站属性表

在属性表窗口中点击【选择】→【按属性选择】，打开【按属性选择】对话框，如图 1.29 所示。

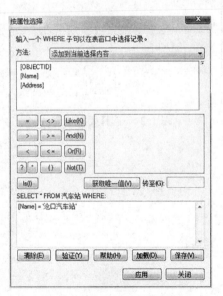

图 1.29 【按属性选择】对话框

在【按属性选择】对话框中，构造一个查询条件。通过构造表达式：[Name] = ‘沧口汽车站’，可以从属性表中找出“沧口汽车站”。选中的要素将会在属性表及地图中高亮显示，如图 1.30 和图 1.31 所示。

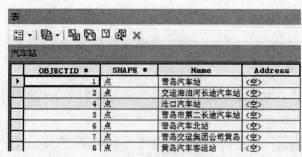

图 1.30　属性选择结果

图 1.31　选择要素显示

第2章　海洋数据矢量化

2.1　实验目的

通过实验掌握海洋数据矢量化的操作过程,包括海洋数据的添加和坐标设置、数据库的建立以及使用编辑器在地图上进行矢量图层绘制等操作。

2.2　实验要求

加载青岛市南海域影像数据,在 ArcCatalog 中新建个人地理数据库和"海洋"、"陆地"两个要素数据集以及要素类,并在 ArcMap 中使用编辑器工具条中的工具对新建的要素进行矢量图层的绘制。

2.3　实验数据

海洋数据矢量化采用"青岛市南海域.tif"影像数据,矢量化结果数据为"青岛市南海域.mdb"。

2.4　软件配置

采用 ArcGIS10.0 以上版本的 ArcMap 软件对海洋数据进行矢量化操作。ArcMap 提供了强大的数据编辑功能,能够创建和编辑要素数据、表格数据、拓扑和几何网络等。

数据编辑主要是对要素进行矢量数据编辑,在 ArcGIS 中对要素进行编辑需要添加编辑工具,启动 ArcMap,在任意工具栏处单击鼠标右键,在弹出的菜单中点击【编辑器】,打开编辑器工具条,或者在菜单栏中选择【自定义】→【工具条】,选中【编辑器】,使用编辑器进行数据编辑操作。

2.5　数据添加和坐标设置

2.5.1　地图加载

打开 ArcMap10.2,把"青岛市南海域.tif"影像数据添加到 ArcMap 中,如图2.1所示。

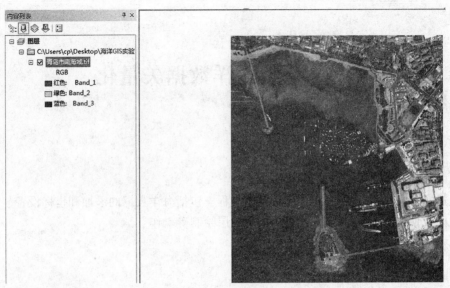

图 2.1　地图加载

2.5.2　设置单位

选择菜单栏中【视图】选项卡，打开【数据框属性】对话框，点击【常规】选项卡，其中【单位】设置如图 2.2 所示。

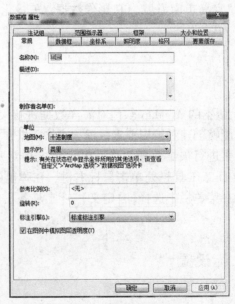

图 2.2　常规选项卡设置

2.5.3 坐标系设置

在图2.2的【数据框属性】对话框中的【坐标系】选项卡下进行投影坐标系的设置，通常选择"Xian 1980 3 Degree GK CM 120E"，如图2.3所示。

图2.3 坐标系设置

2.6 新建数据库

2.6.1 新建个人地理数据库

在数据文件夹下选择【新建】→【个人地理数据库】，命名为"青岛市南海域"，如图2.4所示。

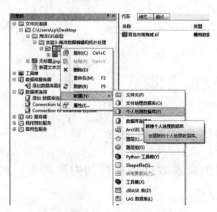

图2.4 新建个人地理数据库

　　在"青岛市南海域"个人地理数据库下新建"海洋"和"陆地"两个要素数据集并设置投影坐标系,如图 2.5 所示。

图 2.5　新建数据集

2.6.2　新建要素类

　　在海洋要素数据集下新建"岛屿(面)"、"海面(面)"、"沙滩(面)"等要素类,在陆地要素数据集下新建"道路(线)"、"建筑(面)"、"绿地(面)"等要素类,操作完成后其结果如图 2.6 所示。

图 2.6　新建要素类

2.7　使用编辑器进行矢量化

2.7.1　ArcMap 中加载要素集及要素类

　　将"海洋"和"陆地"两个要素数据集加载到内容列表,加载完成后其结果如图 2.7所示。

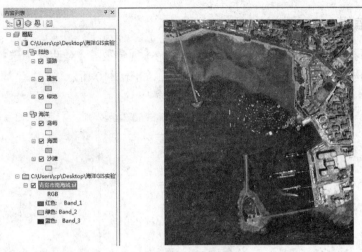

图 2.7 加载要素类

2.7.2 添加编辑器工具条

在菜单栏中选择【自定义】→【工具条】，选中【编辑器】，启动编辑器工具，操作过程如图 2.8 所示。

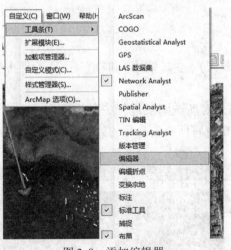

图 2.8 添加编辑器

编辑器工具条如图 2.9 所示。

图 2.9 编辑器工具条

2.7.3 开始编辑

在编辑器下拉列表中点击【开始编辑】，然后在【创建要素】对话框中选择所要矢量化的图层，并在【构造工具】中选中具体的构造工具，如图 2.10 所示。

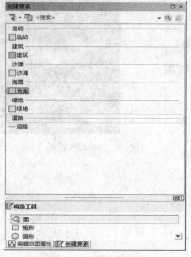

图 2.10 矢量化图层选择

2.7.4 矢量化操作

使用工具栏中的 (放大)、 (缩小) 和 (平移) 工具将要进行矢量化的图层缩放到合适的位置。

使用 (直线段) 工具来对所选图层进行矢量化操作，通过上、下、左、右键进行位置移动，在地图上依次点击，将所要矢量化的区域进行覆盖，如图 2.11 所示。

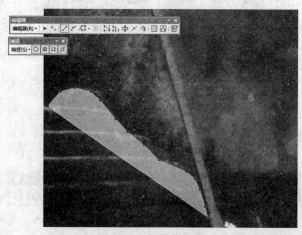

图 2.11 矢量化操作

每当一个区域的要素绘制完成后，选择【编辑器】下的【保存编辑内容】，表示该区域矢量化完成。例如，"海面"图层矢量化结果如图 2.12 所示。

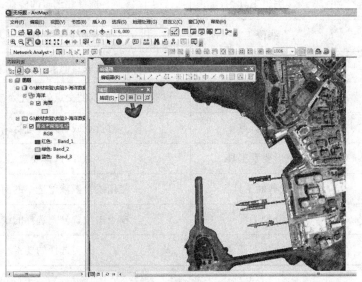

图 2.12 矢量化完成图

依次对其他图层进行矢量化操作。完成后选择【编辑器】下的【保存编辑内容】和【停止编辑】，矢量化结果如图 2.13 所示。

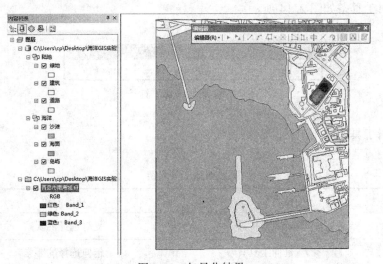

图 2.13 矢量化结果

2.7.5 编辑器工具条介绍

编辑器工具条介绍见表 2.1。

表 2.1　　　　　　　　　　　　　　　编辑工具条介绍

符号	名称	功能介绍
▶	编辑工具	选择要编辑的要素
↗	直线段工具	点击创建折点，折点之间为直线
⟁	追踪工具	追踪线要素或者面要素的边，创建线段
⊬	相交点	在线与线的交点处创建点或折线
⬡	编辑折点	对折点或者线段进行编辑
⊩	整形要素工具	修改选择要素
⊕	裁剪面工具	使用线要素裁剪选中的面要素
✕	分割工具	在点击位置分割选择的线要素
⟳	旋转工具	旋转选择的要素

2.7.6　高级编辑工具介绍

为了实现更加复杂的编辑，ArcMap 还提供了高级编辑工具，可以实现复制、裁剪和分割要素等功能。可以通过使用【自定义】→【工具条】→【高级编辑】来打开高级编辑对话框。高级编辑工具条如图 2.14 所示。

图 2.14　高级编辑工具条

高级编辑工具条常用工具介绍见表 2.2。

表 2.2　　　　　　　　　　　　　　　高级编辑工具介绍

符号	名称	功能介绍
↗	复制要素工具	复制选择的要素
⊣	延伸工具	延伸选择的要素
┿	修剪工具	裁剪选择的要素
╱	线相交	剪断选择的要素
⁙	拆分多部分要素	拆分选择的多部分要素

第3章　海洋数据拓扑处理

3.1　实验目的

通过实验掌握海洋数据拓扑处理的具体操作过程包括拓扑创建、拓扑错误监测、拓扑错误修改、拓扑编辑等基本操作。

3.2　实验要求

建立海洋数据集的拓扑关系，进行拓扑检查、拓扑错误修改以及拓扑编辑。

3.3　实验数据

海洋数据拓扑处理采用青岛市南海域的个人地理数据库"青岛市南海域.mdb"，其中包含青岛市南海域的"海洋"和"陆地"两个数据集，海洋数据集下有"沙滩.shp"、"海面.shp"、"岛屿.shp"三个要素类，陆地数据集下有"陆地.shp"、"建筑.shp"、"道路.shp"三个要素类。

3.4　软件配置

采用 ArcGIS10.0 以上版本的 ArcCatalog 软件和 ArcMap 软件。

拓扑是地理要素间的空间关系，通过对简单数据集（即点、线、面数据集）进行拓扑处理或检查，并修改生成的拓扑错误，可以提高数字化数据质量，为后续数据应用提供可靠的数据基础。

3.5　创建拓扑操作

①在 ArcCatalog 目录树中，右键点击要创建拓扑的"海洋"数据集，选择【新建】→【拓扑】，打开【新建拓扑】对话框，操作过程如图 3.1 所示。

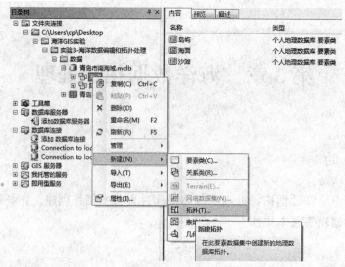

图 3.1　新建拓扑

　　②在【新建拓扑】对话框的【输入拓扑名称】文本框中输入拓扑名称，【输入拓扑容差】文本框使用默认拓扑容差值，如图 3.2 所示。

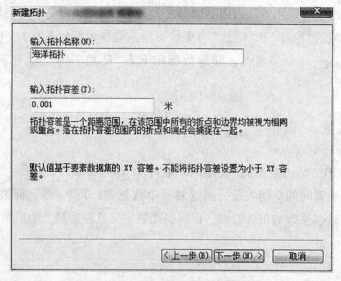

图 3.2　输入拓扑名称和容差

　　③在【选择要参与到拓扑中的要素类】列表框中，选择创建拓扑所需的要素类，也可以通过【全选】和【全部清除】进行相应的快速操作，如图 3.3 所示。

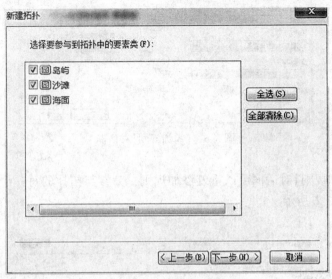

图 3.3 选择要素

④设置参与拓扑的要素类的等级，在【等级】下拉框为每一个要素类设置等级，如图 3.4 所示。

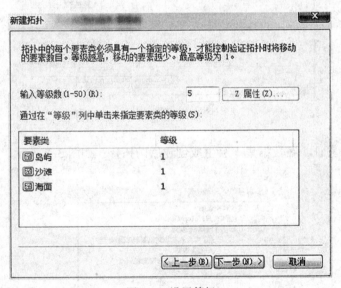

图 3.4 设置等级

⑤打开【添加规则】对话框，在【要素类】下拉框中选择参与拓扑的要素类，并在【规则】下拉框中选择相应的拓扑规则，用来验证要素共享集合特征的方式，如图 3.5 所示。

<p>

</p>

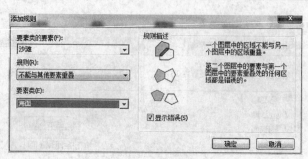

图 3.5　【添加规则】对话框

⑥通过【添加规则】对话框可以重复添加规则，为参与拓扑的每一个要素类定义一种拓扑规则，如图 3.6 所示。

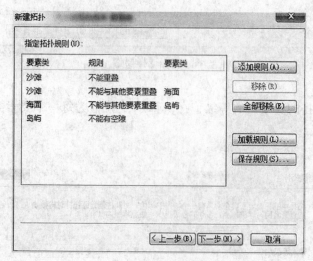

图 3.6　添加规则

⑦进行拓扑验证，在数据集下会生成创建后的拓扑，如图 3.7 所示。

图 3.7　拓扑验证

3.6 拓扑编辑

3.6.1 查找拓扑错误

①将新生成的"海洋拓扑"加载到 ArcMap 中，对于拓扑验证后出现问题的区域会进行高亮显示，拓扑验证结果如图 3.8 所示。

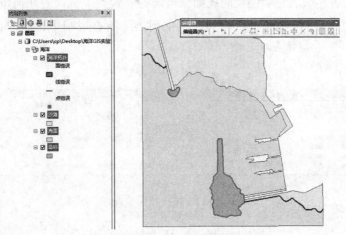

图 3.8　拓扑检验结果

②使用【拓扑工具条】查找和修复违反拓扑规则的问题。

在 ArcMap 的菜单栏中，在保证编辑器处于编辑状态下，选择【自定义】→【工具条】→【拓扑】，打开【拓扑工具条】，操作过程如图 3.9 所示。

图 3.9　打开拓扑工具

【拓扑工具条】如图 3. 10 所示。

拓扑

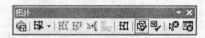

图 3. 10　拓扑工具条

③查找拓扑错误：在【拓扑工具条】中，单击 (错误检查器)按钮，弹出一个包含所有拓扑错误的列表，该表显示违反的规则、错误的要素类、错误的几何特征等。点击【立即搜索】，在【错误检查器】窗口下侧列表框中列出了所有规则中错误的详细信息，如图 3. 11 所示。

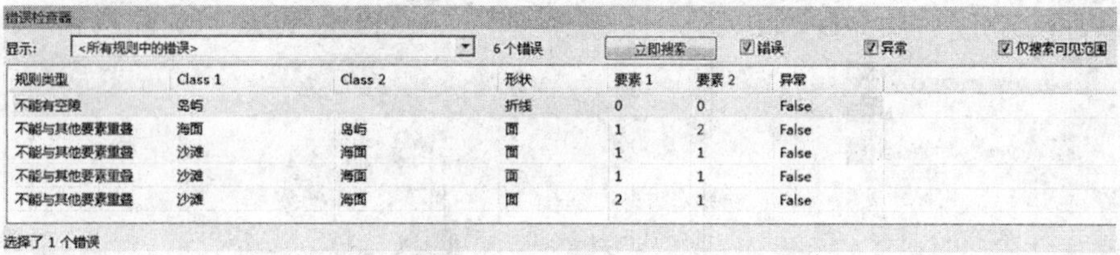

错误检查器
显示:
<所有规则中的错误>
6 个错误
立即搜索
错误
异常
仅搜索可见范围
规则类型 Class 1 Class 2 形状 要素 1 要素 2 异常
不能有空隙 岛屿 折线 0 0 False
不能与其他要素重叠 海面 岛屿 面 1 2 False
不能与其他要素重叠 沙滩 海面 面 1 1 False
不能与其他要素重叠 沙滩 海面 面 1 1 False
不能与其他要素重叠 沙滩 海面 面 2 1 False
选择了 1 个错误

图 3. 11　拓扑错误检查

3. 6. 2　修复拓扑错误

在图 3. 11 中右键点击【错误检查器】中某一错误条目，在弹出的菜单中，单击【平移至】或【缩放至】，错误位置在地图中显示出来。

查看【错误检查器】对话框出现的错误信息，选择针对此错误的类型的预定义修复方法。例如，【与其他要素重叠】规则产生的错误(该错误在地图上显示为黑色)，右键点击选择【剪除】即可修复该错误，操作过程如图 3. 12 所示。

缩放至(Z)
平移至(P)
选择要素(F)
显示规则描述(D)...
剪除
合并...
剪除
删除导致错误的要素部分。对于大多数拓扑规则，此修复可应用到一个或多个错误。
错误检查器
显示:
<所有规则中的错误>
立即搜索
错误
异常
仅搜索可见范围
规则类型 Class 1 Class 2
要素 1 要素 2 异常
不能有空隙 岛屿
不能与其他要素重叠 海面 岛屿
不能与其他要素重叠 沙滩 海面
不能与其他要素重叠 沙滩 海面
不能与其他要素重叠 沙滩 海面
False

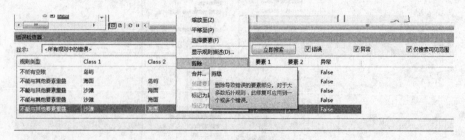

图 3. 12　拓扑修复

剪除完成之后，此时的【错误检查器】对话框中拓扑错误会减少，如图 3. 13 所示。

图 3.13　拓扑修复完成

依次修复所有错误，修复完成之后，保存编辑内容。

第4章 海洋空间数据管理

4.1 实验目的

通过实验掌握 Shapefile 文件和 Coverage 文件的创建、属性操作、索引操作，并在 ArcCatalog 中创建地理数据库。

4.2 实验要求

创建海面等 Shapefile 文件，对属性进行添加和删除操作，同时创建和更新索引。在 ArcCatalog 中创建个人地理数据库，新建要素集和要素类，以及对数据进行导入和导出操作。

4.3 实验数据

海洋空间数据管理的结果数据命名为"青岛市南海域.mdb"和"海面.shp"。

4.4 软件配置

采用 ArcGIS10.0 以上版本的 ArcCatalog 软件对海洋空间数据进行管理。ArcGIS 中主要有 Shapefile、Coverage 和 Geodatabase 三种文件格式。

Shapefile 由存储空间数据的 shape 文件、存储空间数据的 dBase 表和存储空间数据与属性数据关系的 shx 文件组成；Coverage 的空间数据存储在二进制文件中，属性数据和拓扑数据存储在 INFO 表中，目录合并了二进制文件和 INFO 表，成为 Coverage 要素类；Geodatabase 是 ArcGIS 数据模型发展的第三代产物，它是面向对象的数据模型，能够表示要素的自然行为和要素之间的关系。

4.5 Shapefile 文件创建

ArcCatalog 可以创建新的 Shapefile 和 dBASE 表，并通过添加、删除和索引属性来修改它们，也可以定义 Shapefile 的坐标系统和更新其空间索引。当在 ArcCatalog 中改变 Shapefile 的结构和特性时，必须使用 ArcMap 来修改其要素和属性。

4.5.1 创建 Shapefile

当创建一个新的 Shapefile 时，必须定义它将包含的要素类型，Shapefile 创建之后，则这个类型不能被修改。

创建一个新的 Shapefile 文件的具体过程如下：

①在 ArcCatalog 目录树中，右键单击需要创建 Shapefile 的文件夹，单击【新建】→【Shapefile】，操作过程如图 4.1 所示。

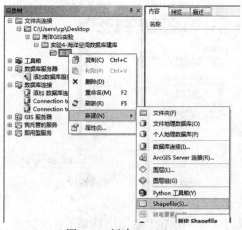

图 4.1　新建 Shapefile

②打开【创建新 Shapefile】对话框，设置文件名称"海面"和要素类型"面"。要素类型可以通过下拉菜单选择点、折线、面、多点、多面体等要素类型，如图 4.2 所示。

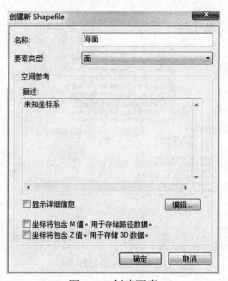

图 4.2　创建要素

③在【创建新 Shapefile】对话框中单击【编辑】按钮，打开【空间参考属性】对话框，定义 Shapefile 的坐标系统，坐标系选择"Xian 1980 3 Degree GK CM 120E"，如图 4.3 所示。

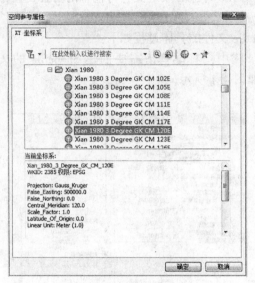

图 4.3　空间参考属性设置

④在【空间参考属性】对话框中单击【添加坐标系】下拉按钮，可以选择一种预定义的坐标系统；单击【导入】按钮，可以选择想要复制其坐标系统的数据源；单击【新建】按钮，可以定义一个新的、自定义的坐标系统，如图 4.4 所示。

图 4.4　新建坐标系

⑤如果 Shapefile 要存储表示路线的折线，那么要复选【坐标将包含 M 值，用于存储路

径数据】，如果要存储三维要素，要复选【坐标将包含 Z 值，用于存储 3D 数据】。

⑥在图 4.4 中点击【确定】按钮，新的 Shapefile 在文件夹中被创建。

4.5.2 添加和删除属性

在 ArcCatalog 中，可通过添加、删除属性项来修改 Shapefile 和 dBASE 的结构。可以添加新的具有合适名称和数据类型的属性项，属性项的名称长度不得超过 10 个字符，多余的字符将被自动删除。Shapefile 文件的 FID、Shape 和 dBASE 表的 OID 不能删除。OID 列是 ArcGIS 在访问 dBASE 表内容时生成的一个虚拟属性项，它保证了表中每个纪录至少有唯一的值。Shapefile 文件和 dBASE 表除了 FID、Shape 和 id 列以外，至少还要有一个属性项，该属性项是可以删除的。在添加属性项之后，必须启动 ArcMap 的编辑功能才能定义这些属性项的数值。

①在 ArcCatalog 目录树中，右键点击需要添加属性的 Shapefile 文件"海面"，然后单击【属性】，操作过程如图 4.5 所示。

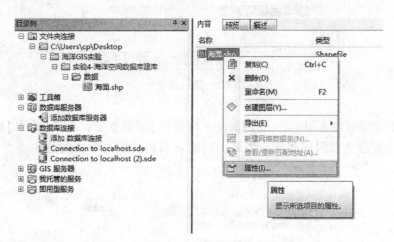

图 4.5　属性对话框

②打开【Shapefile 属性】对话框，单击【字段】标签，在【字段名】列中，输入新属性项的名称"name"，在【数据类型】列中选择新属性项的数据类型"文本"。在下方的【字段属性】选项卡显示了所选数据类型的特性参数，可在其中输入合适的数据类型参数。单击【确定】按钮，完成属性项的添加，如图 4.6 所示。

在上述【Shapefile 属性】对话框中，选中需要删除的属性项，在键盘上按"Delete"键，删除所选属性项，单击【确定】按钮，可以完成属性项删除。

4.5.3 创建和更新索引

可以向 Shapefile 和 dBASE 表添加属性索引，索引可以帮助提高评价（evaluate）属性值的查询效率。当属性列中的数据改变后，ArcCatalog 创建的索引会自动更新。除了添加属性索引外，还可添加、更新、删除 Shapefile 的空间索引，并且当在 Shapefile 中添加或删除一个地理要素时，其空间索引将会随之自动更新。有时可能需要手动更新某 Shapefile 的空间索引，这时除了更新空间索引外，也同时更新了其范围信息。

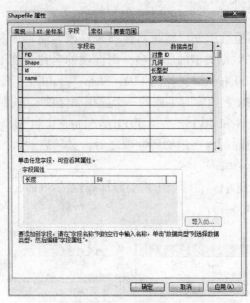

图 4.6　属性设置

　　①创建和删除属性索引：在上述【Shapefile 属性】对话框中，单击【索引】标签，进入索引栏，选中要建立索引的属性，如果要删除索引只要取消属性的选中即可，如图 4.7 所示。

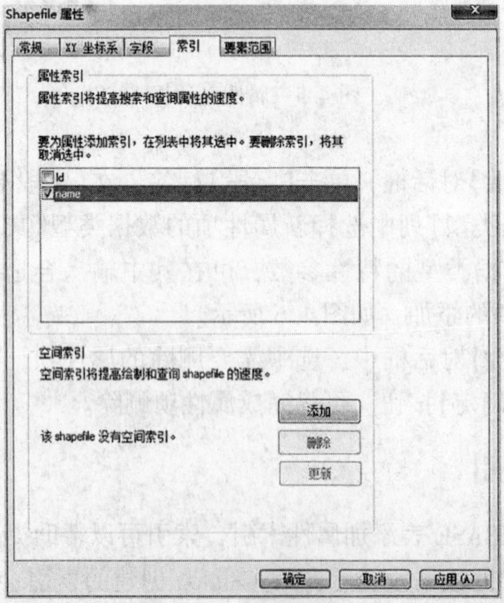

图 4.7　创建索引

②创建、删除、更新空间索引：在【Shapefile 属性】对话框的【索引】标签中，如果 Shapefile 还没有空间索引，在【空间索引】选项组中单击【添加】按钮创建空间索引，如果需要删除已有的空间索引，单击【删除】按钮。单击【更新】按钮，可以更新空间索引。

4.6 地理数据库建立操作

4.6.1 建立数据库中的基本组成项

Geodatabase 中的基本组成项主要包括对象类、要素类和要素数据集。当在数据库中创建了这些项目后，可以创建更进一步的项目，例如，子类、几何网络类、注释类等。

①在 ArcCatalog 目录树中，在需要建立新要素数据集的地理数据库上单击右键，单击【新建】，选择【要素数据集】命令，操作过程如图 4.8 所示。

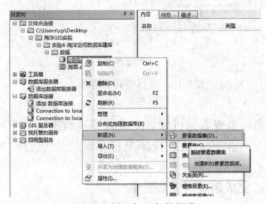

图 4.8　新建要素数据集

打开【新建要素数据集】对话框，如图 4.9 所示。

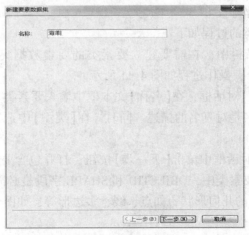

图 4.9　数据集命名

②在【新建要素数据集】对话框的【名称】文本框中输入要素数据集名称"海洋"，单击【下一步】按钮，打开空间参考属性对话框，点击【下一步】，结果如图 4.10 所示。

图 4.10　设置空间参考属性

③可以选择需要的坐标系或者通过导入来设置要素数据集的空间参考坐标系，也可以单击【新建】来定义新的地理坐标系统或投影坐标系统（这里选择"Xian 1980 3 Degree GK CM 120E"）。

④最后点击【确定】，完成创建新的要素集"海洋"。

4.6.2　建立要素类

要素类分为简单要素类和独立要素类。简单要素类存放在要素数据集中，不需要定义空间参考，要素类将使用要素数据集的坐标；独立要素类存放在数据库中的要素数据集之外，必须定义空间参考坐标。

建立一个简单要素类的过程如下：

①在 ArcCatalog 目录树中，在需要建立要素类的要素数据集上单击右键，单击【新建】，选择【要素类】命令，操作过程如图 4.11 所示。

②打开【新建要素类】对话框，在【名称】文本框中输入要素类名称，在【别名】文本框中输入要素类别名，别名是对真名的描述。同时，在【类型】中选择要素类型，如图 4.12 所示。

③在【新建要素类】对话框中单击【下一步】按钮，打开包含要素类字段名及其类型与属性的对话框，在简单要素类中，OBJECTID 和 SHAPE 字段是必需字段，OBJECTID 是要素的 ID，SHAPE 是要素的几何形状，如点、线、多边形等，如图 4.13 所示。

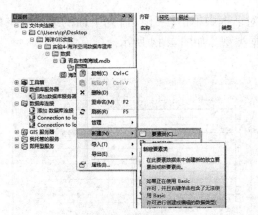

图 4.11　新建要素类

图 4.12　命名新建要素类

图 4.13　设置属性

④在【新建要素类】对话框中单击【字段名】列下面的第一个空白行，添加新字段，输入新字段名，并选取数据类型，如图 4.14 所示。

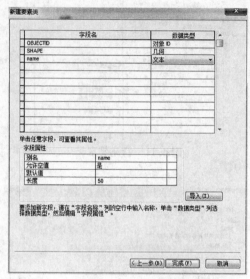

图 4.14　添加字段

⑤在【新建要素类】对话框中点击【完成】，即可建立一个要素类。

4.6.3　向地理数据库导入数据

地理数据库中支持 Shapefile、Coverage、INFO 表和 dBASE 表，如果已有数据不是上述几种格式，可以用 ArcToolbox 中的工具进行数据格式的转换，再加载到地理数据库中。

当向已有的要素数据集中导入一个要素类时，对于 Shapefile 和 Coverage 这两种情况，必须定义空间参考坐标系。如果二者包含有定义的投影，导入工具将自动建立一个同样投影的新要素类，除非指定其他投影。如果导入数据时选择用不同源数据的投影，将 Shapefile 和 Coverage 导入到地理数据库时，就会在数据库中建立一个新的要素类，或建立数据集和要素类，新建立的要素类将被自动进行投影变换。

可将 Shapefile 导入到新的地理数据库、已有的要素数据集中或者是导入到数据库独立的要素类中。

在 ArcCatalog 目录树中，右键单击需要导入到地理数据库的 Shapefile 文件"海面"，单击【导出】，选择【转出至地理数据库(单个)】，操作过程如图 4.15 所示。

打开【要素类至要素类】对话框，输入 Shapefile 文件的路径及目标数据库或目标数据库中要素数据集的路径，并为导入的新要素类输入名字，如图 4.16 所示。

在【要素类至要素类】对话框的【字段映射】栏中，可以选择需要导入的字段，单击【确定】按钮，出现进程条，当进程结束时，导入的 Shapefile 将出现在目标数据库中或数据库的数据集中，如图 4.17 所示。

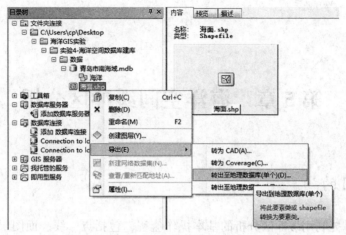

图 4.15 导出 Shapefile

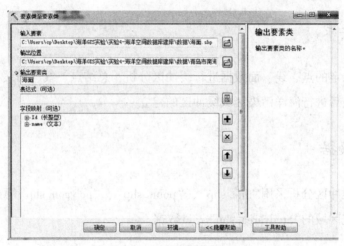

图 4.16 要素类转要素类

图 4.17 导入 Shapefile

如果在导入 Shapefile 时单击【转出至地理数据库(多个)】,可以实现多个 Shapefile 一次导入到目标数据库或数据库中的一个数据集中。

第5章　海洋空间缓冲区分析

5.1　实验目的

通过实验掌握利用缓冲区分析的基本操作流程，包括点、线、面图层的缓冲区建立，掌握利用缓冲区分析解决实际海洋问题的方法和步骤。

5.2　实验要求

对实验中给定的点、线、面数据进行缓冲区分析，总结点、线、面缓冲区结果的相同点和不同点，最后进行海洋污染区域缓冲区的建立。

5.3　实验数据

海洋空间缓冲区分析采用"line. shp"、"point. shp"、"polygon. shp"等点、线、面矢量数据和指定研究区域的"Studyarea. shp"矢量数据。

5.4　软件配置

采用 ArcGIS10. 0 以上版本的 ArcToolbox 工具中的分析工具进行缓冲区分析。

5.5　创建缓冲区操作

5.5.1　点要素图层的缓冲区分析

在 ArcMap 中新建地图文档，加载点图层："point"、"StudyArea"。

打开 ArcToolbox，选择【Spatial Analyst】→【距离分析】→【欧氏距离】工具，打开【欧氏距离】对话框，如图 5. 1 所示。

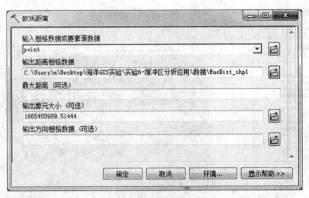

图 5.1 欧氏距离设置

在【欧氏距离】对话框中，【输入栅格数据或要素源数据】选项中选择需要进行欧氏距离分析的数据。

在【最大距离】文本框中输入最大距离，计算将在输入的距离范围内进行，距离以外的地方直接赋空值，不作任何计算，如果没有输入任何值，会在整个图层范围内进行计算。

在【输出像元大小】文本框键入输出结果的栅格大小。

在【输出距离栅格数据】文本框键入输出距离数据文件名称。

在【输出方向栅格数据（可选）】文本框键入输出直线方向数据文件名称。

点击【环境】按钮，出现【环境设置】对话框，如图 5.2 所示。

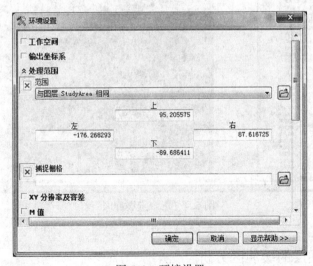

图 5.2 环境设置

在【环境设计】对话框中，点击【处理范围】，设置处理范围与研究区域"StudyArea"图层相同，点击【确定】，得到点的缓冲区图层，显示并激活由"point. shp"产生的新图层"eucdist_shp"，如图 5.3 所示。

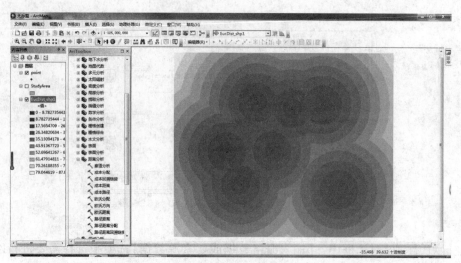

图 5.3　缓冲区图层

在进行分析时，若选中了"point"图层中的某一个或几个要素(使用 🔲▾ (选择要素)工具选择一个或多个点)，则只对选中要素进行缓冲区分析；否则，对整个图层的所有要素进行。图 5.4 是选中三个点进行缓冲区分析的结果。

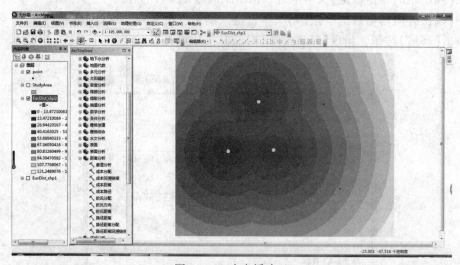

图 5.4　三个点缓冲区

5.5.2　线要素图层的缓冲区分析

在 ArcMap 中新建地图文档，加载"line"图层，点击常用工具栏中的 🔲 (缩略图)按钮，将地图适当缩小。

选择菜单栏中的【视图】→【数据框属性】→【常规】选项卡，"单位"设置如图 5.5 所示。

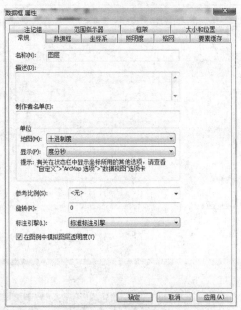

图 5.5　数据框属性

选中图层"line"中的两条线(使用 ⬚ (选择要素)工具进行选择),进行缓冲区分析。注意比较线的缓冲区分析与点的缓冲区分析有何不同。

打开 ArcToolbox,选择【Spatial Analyst】→【距离分析】→【欧氏距离】工具,打开【欧氏距离】对话框,按图 5.6 所示设置各参数。

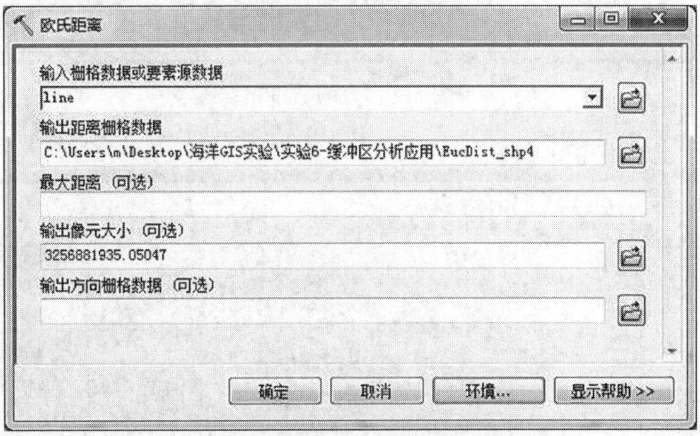

图 5.6　欧氏距离参数设置

点击【环境】按钮,出现【环境设置】对话框,如图 5.7 所示。

在【环境设置】对话框中点击【处理范围】,选择【与显示相同】,点击【确定】,得到上、下两条线的缓冲区分析结果如图 5.8 和图 5.9 所示。

图 5.7　环境设置

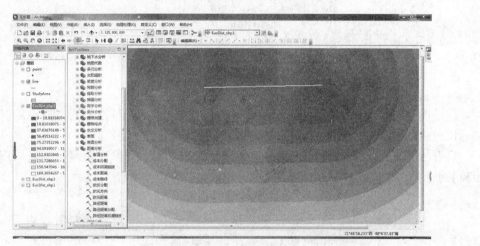

图 5.8　直线缓冲区

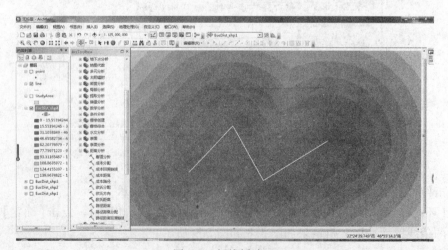

图 5.9　折线缓冲区

在内容列表中，点击 ⊡（取消选定）按钮，对整个"line"层面进行缓冲区分析，如图
5.10 所示。

观察此结果与前两个分析结果的区别。

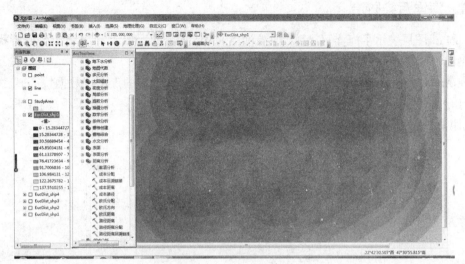

图 5.10　线图层缓冲区

5.5.3　多边形图层的缓冲区分析

在 ArcMap 中新建地图文档，添加面图层"polygon"，进行面缓冲区分析，观察面的缓
冲区分析与点、线的缓冲区分析有何区别。与创建线的缓冲区相同，先将地图适当缩小，
在欧氏距离对话框中（图 5.6），点击【环境】按钮，然后再点击【处理范围】，设置范围为
【与显示相同】，点击【确定】，得到多边形缓冲区分析结果，如图 5.11 所示。

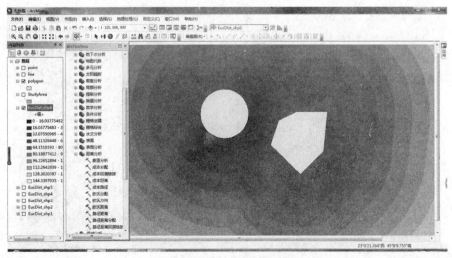

图 5.11　多边形图层缓冲区

5.6　海洋污染缓冲区建立

5.6.1　海洋污染防治

"point"图层表示了海洋污染源(如溢油点)的位置分布,要求利用缓冲区分析找出海水污染防治的重点区域。

在 ArcMap 中,新建地图文档,添加表示海洋污染源分布的点图层数据"point"。

打开 ArcToolbox 工具,选择【Spatial Analyst】→【距离分析】→【欧氏距离】工具,打开【欧氏距离】对话框,如图 5.12 所示。

图 5.12　欧氏距离设置

在【欧氏距离】对话框中,点击【环境】按钮,再点击【处理范围】,设置范围为【与显示相同】,得到"point"图层缓冲区分析结果,如图 5.13 所示。

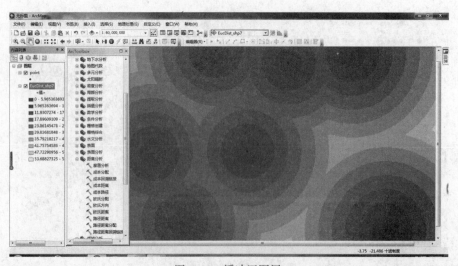

图 5.13　缓冲区图层

在图 5.13 中，右键点击新建的图层，在右键菜单中选择【属性】，点击【符号系统】可设置图层显示符号、调整分类，如图 5.14 所示。

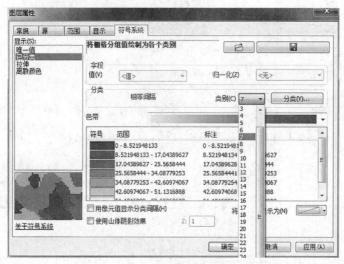

图 5.14　分类调整

图 5.14 设置完成后，点击【确定】，得到新的栅格图层，显示了区域内每个栅格距最近的污染源的距离，其中颜色深的栅格距离各个污染源最近，受污染影响最大。

在本例中认为距离各个污染源 10 以内的水质受影响最大，造成的污染最严重，所以需要将距离 10 以内的区域提取出作为缓冲区，进行重点污染防治。操作如下：在 ArcToolbox 中选择【Spatial Analyst】→【地图代数】→【栅格计算器】工具，打开【栅格计算器】对话框，如图 5.15 所示。

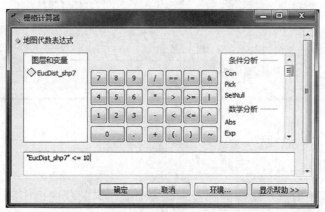

图 5.15　栅格计算器

在栅格计算器对话框中，输入"EucDist_shp7<=10"，点击【确定】得到缓冲区分析结果如图 5.16 所示。图中满足条件的为 1，不满足的为 0。

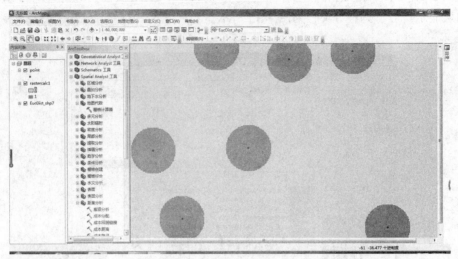

图 5.16　缓冲区结果图

在内容列表中可打开【符号选择器】进行颜色设置，如图 5.17 所示。

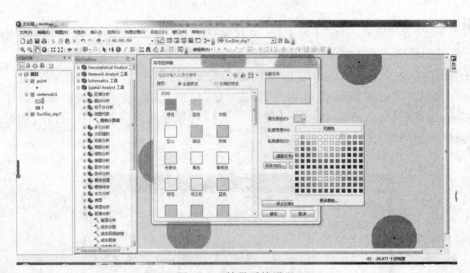

图 5.17　符号系统设置

5.6.2　受污染地区的分等定级

距"point"图层中的点污染源的远近不同表明受污染的状况也不同，距污染源越近，受污染越严重，因此需要对污染源附近水域受污染情况进行分等定级。

在 ArcMap 中，新建地图文档，添加表示海洋污染源分布的点图层数据"point"。

打开 ArcToolbox，选择【Spatial Analyst】→【距离分析】→【欧氏距离】工具，打开【欧氏距离】对话框，如图 5.18 所示。

图 5.18 欧氏距离设置

在【欧氏距离】对话框中，点击【环境】按钮，再点击【处理范围】，设置范围为"与图层'StudyArea'相同"，得到新的栅格图层"EucDist_shp8"，如图 5.19 所示。

图 5.19 缓冲区图层

基于栅格图层"EucDist_shp8"进行栅格计算，分别提取"EucDist_shp8"<=10 的区域及"EucDist_shp8">=10 & "EucDist_shp8"<=15 的区域。

在 Arctollbox 中选择【Spatial Analyst】→【地图代数】→【栅格计算器】工具，打开【栅格计算器】对话框，如图 5.20 所示。

在栅格计算器对话框中，输入"EucDist_shp8"<=10，点击【确定】得到缓冲区分析结果图层"rastercalc1"，如图 5.21 所示。

同理，在 ArcToolbox 中选择【Spatial Analyst】→【地图代数】→【栅格计算器】工具，打开【栅格计算器】对话框，如图 5.22 所示。

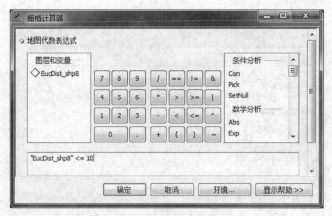

图 5.20　"EucDist_shp8" <= 10

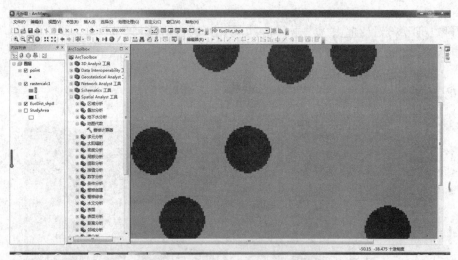

图 5.21　"EucDist_shp8" <= 10 结果

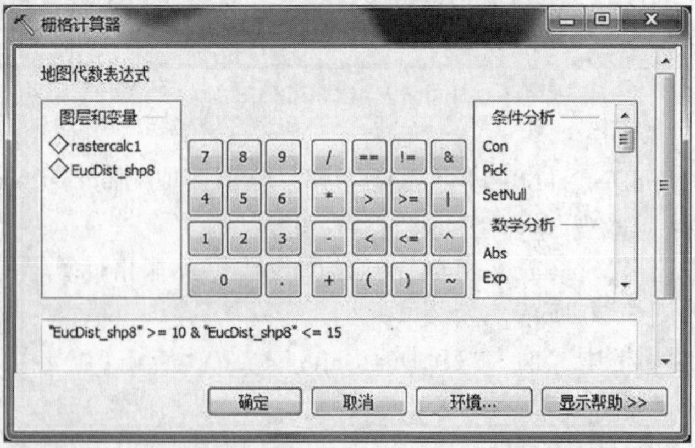

图 5.22　"EucDist_shp8" >= 10 & "EucDist_shp8" <= 15 结果

在栅格计算器对话框中，输入"EucDist_shp8">=10 & "EucDist_shp8"<=15，点击【确定】得到满足此条件的缓冲区分析结果图层"rastercalc2"，如图5.23所示。

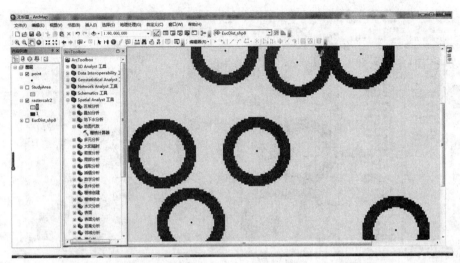

图5.23　"EucDist_shp8">=10 & "EucDist_shp8"<=15计算结果

对栅格图层"rastercalc2"进行重分类运算。

在ArcToolbox中选择【Spatial Analyst】→【重分类】工具，打开【重分类】对话框，如图5.24所示。

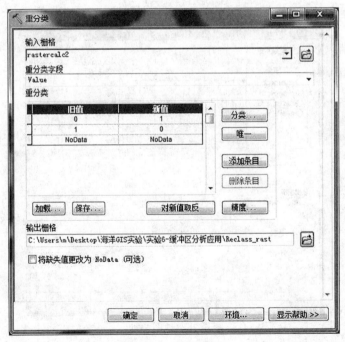

图5.24　重分类设置

在【重分类】对话框中，将"旧值"中的 1 改为 0，0 改为 1，如图 5.24 所示，点击【确定】，得到新的栅格图层"Reclass_rast"，如图 5.25 所示。

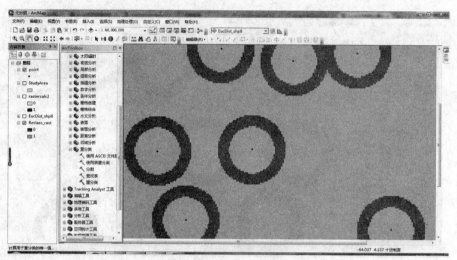

图 5.25　重分类结果图

将缓冲区分析后的结果图层"rastercalc1"与重分类后的结果图层"Reclass_rast"进行相加操作。

在 ArcToolbox 中选择【Spatial Analyst】→【地图代数】→【栅格计算器】工具，打开【栅格计算器】对话框，如图 5.26 所示。

图 5.26　地图叠加

在【栅格计算器】对话框中，输入"rastercalc1"+"Reclass_rast"，点击【确定】，得到叠加后的结果图层"rastercalc3"，如图 5.27 所示。

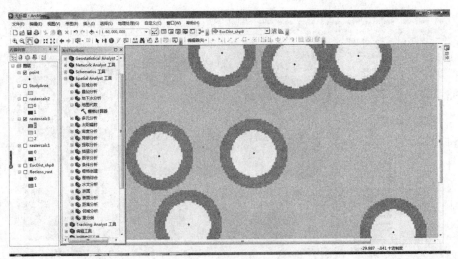

图 5.27　图层叠加结果图

对图层"rastercalc3"按分等定级的要求进行分类："<10"的区域污染级别定为 1，"=10 且<=15"的区域级别定为 2，">15"的区域级别定为 3。

在 ArcToolbox 中选择【Spatial Analyst】→【重分类】工具，打开【重分类】对话框，如图 5.28 所示。

图 5.28　重分类设置

　　在【重分类】对话框中设置"旧值"和"新值"，点击【确定】，得到栅格图层"Reclass＿rast2"，如图 5.29 所示。

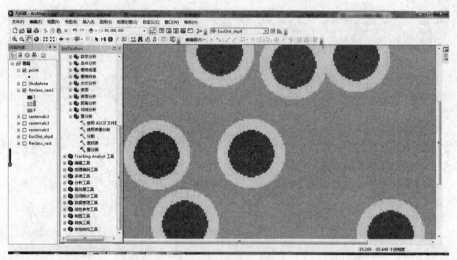

图 5.29　重分类结果

第6章 海洋空间叠加分析

6.1 实验目的

通过实验掌握海洋数据叠加分析的操作过程和叠加分析工具的使用。

6.2 实验要求

对海洋溢油区域进行擦除、相交、联合、标识和交集取反等叠加分析操作，对唐岛湾海域的绿地和水域等矢量图层进行空间连接操作。

6.3 实验数据

海洋空间叠加分析采用"溢油"个人地理数据库下表示溢油区域的矢量数据、"唐岛湾"海域个人地理数据库下的绿地和水域等矢量数据。

6.4 软件配置

采用 ArcToolbox 中叠加分析工具箱的擦除、相交、标识、联合、空间连接等工具，叠加分析不仅可以产生新的空间关系，还可以产生新的属性特征关系。

6.5 叠加分析操作

6.5.1 擦除分析

图层擦除是根据擦除图层范围的大小，擦除参照图层所覆盖的输入图层内的要素，形成新图层的过程。

①打开 ArcMap 主界面，加载"溢油.mdb"下的"一级.shp"和"二级.shp"要素，点击 📷 打开 ArcToolbox 工具箱，在 ArcToolbox 中选择【分析工具】→【叠加分析】→【擦除】工具，打开【擦除】工具界面，如图 6.1 所示。

②在【擦除】工具界面中，【输入要素】下拉列表选择"二级.shp"，【擦除要素】选择"一级.shp"。

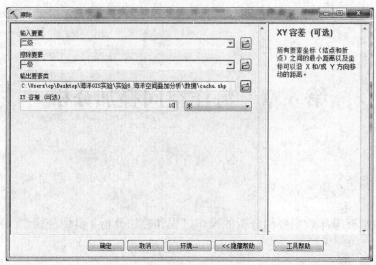

图 6.1　【擦除】工具界面

③指定输出要素类的名称和保存路径。

④【XY 容差】为可选项，在其文本框中输入容差值，并设置容差值单位。

⑤单击【确定】，完成操作，结果如图 6.2 所示。

输入图层　　　　　　　　　　　　　　　擦除图层

输出图层

图 6.2　擦除分析结果

6.5.2　相交分析

相交分析是计算输入要素的几何交集的过程，并且原图层的所有属性可以在得到的新的图层上显示出来。点、线、面要素都可以进行相交操作，因此相交分析的情形可以分为七类：多边形与多边形，线与多边形，点与多边形，线与线相交，线与点相交，点与点相交，点线面三者相交。

①在 ArcMap 中添加"溢油 . mdb"下的"二级 . shp"和"三级 . shp"要素，在 ArcToolbox 中选择【分析工具】→【叠加分析】→【相交】工具，打开【相交】工具界面，如图 6.3 所示。

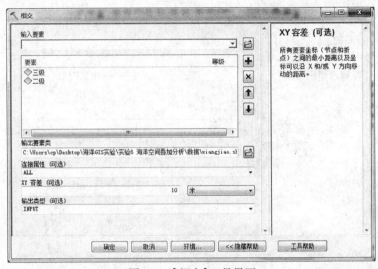

图 6.3 【相交】工具界面

②在【相交】工具界面，【输入要素】选择"二级 . shp"和"三级 . shp"，点击➕按钮，可多次添加相交数据层。

③指定输出要素类的名称和保存路径。

④在【连接属性(可选)】下拉框选择"ALL"，将"二级 . shp"和"三级 . shp"的所有属性传递到输出要素类中。

⑤【XY 容差】为可选项，在其文本框中输入容差值，并设置容差值单位。【输出类型(可选)】下拉框选择"INPUT"，保留为默认值，可以生成叠置区域。

⑥点击【确定】，完成操作，结果如图 6.4 所示。

6.5.3 联合分析

联合分析是计算输入要素的并集，所有的输入要素都将写入输出要素类中。在联合分析过程中，输入要素必须是多边形。如果输入要素类中有相交的部分，相交部分还将具有相交的输入要素类的所有属性。

①在 ArcMap 中添加"溢油 . mdb"下的"二级 . shp"和"三级 . shp"要素，在 ArcToolbox 中选择【分析工具】→【叠加分析】→【联合】工具，打开【联合】工具界面，如图 6.5 所示。

②在【联合】工具界面，【输入要素】选择"二级 . shp"和"三级 . shp"，点击➕按钮，可多次添加相交数据层。

③指定输出要素类的名称和保存路径。

输入图层   相交图层

输出图层

图 6.4 相交分析结果

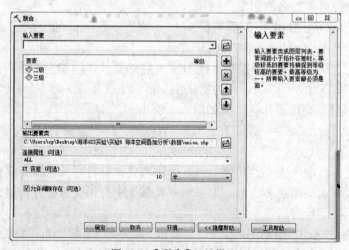

图 6.5 【联合】工具界面

④在【连接属性(可选)】下拉框中选择"ALL",并设置【XY 容差(可选)】。

⑤选中【允许间隙存在(可选)】复选框,即不被包围区域创建要素。

⑥点击【确定】,完成操作,结果如图 6.6 所示。

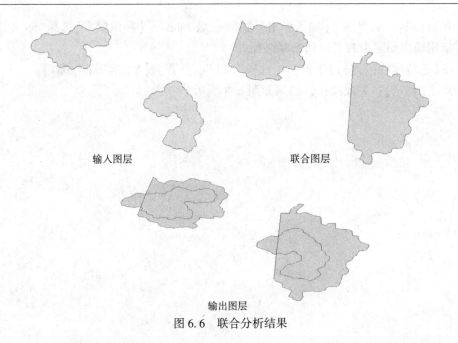

输入图层　　　　　　　　　　联合图层

输出图层
图 6.6　联合分析结果

6.5.4　标识分析

标识分析是计算输入要素和标识要素的集合，输入要素与标识要素重叠的部分将获得标识要素的属性。输入要素可以是点、线、面，标识要素必须是面，或者与输入要素几何类型相同。

①在 ArcMap 中添加"溢油 . mdb"下的"标识 . shp"和"三级 . shp"要素，在 ArcToolbox中选择【分析工具】→【叠加分析】→【标识】工具，打开【标识】工具界面，如图 6.7 所示。

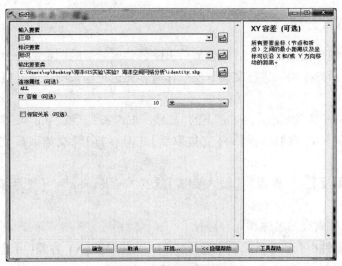

图 6.7　【标识】工具界面

②在【标识】工具界面，【输入要素】选择"三级.shp"，【标识要素】选择"标识.shp"。

③指定输出要素类的名称和保存路径。

④在【连接属性(可选)】下拉框中选择"ALL"，并设置【XY容差(可选)】。

⑤点击【确定】，完成操作，结果如图6.8所示。

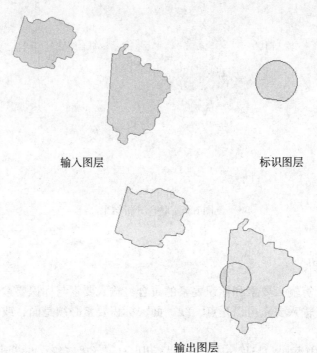

输入图层　　　　　　　　　　　　标识图层

输出图层

图6.8　标识分析结果

6.5.5　交集取反分析

交集取反的结果是获得两个区域叠加后去除公共区域后的剩余部分，新生成的图层也是综合两者属性而产生的，进行交集取反操作时，无论是输入图层或差值图层都必须是多边形图层。

①在ArcMap中添加"溢油.mdb"下的"二级.shp"和"三级.shp"要素，在ArcToolbox中选择【分析工具】→【叠加分析】→【交集取反】工具，打开【交集取反】工具界面，如图6.9所示。

②在【交集取反】工具界面，【输入要素】选择"三级.shp"，【更新要素】选择"二级.shp"。

③指定输出要素类的名称和保存路径。

④在【连接属性(可选)】下拉框中选择"ALL"，并设置【XY容差(可选)】。

⑤点击【确定】，完成操作，结果如图6.10所示。

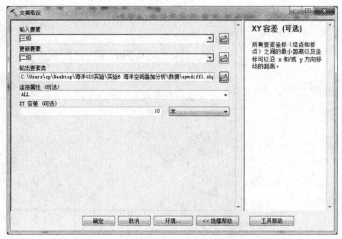

图 6.9 【交集取反】工具界面

输入图层   交集图层

输出图层

图 6.10　交集取反结果

6.5.6　空间连接

　　空间连接是基于两个要素类中要素之间的空间关系将属性从一个要素类传递到另一个要素类的过程，也就是将两个图层根据图层中要素的相对位置关系建立连接，其结果为将一个图层的属性表添加到另外一个图层中。

　　空间连接工具需要输入目标要素类和连接要素类。以目标要素类为基础，根据目标要素和连接要素之间指定的空间关系，将连接要素类中的属性信息追加到目标要素类中。

　　①在 ArcMap 中添加"唐岛湾 mdb"下的"水域 . shp"和"绿地 . shp"，在 ArcToolbox 中选择

【分析工具】→【叠加分析】→【空间分析】工具，打开【空间分析】工具界面，如图6.11所示。

图6.11 空间连接图层

②在【空间分析】工具界面，【目标要素】选择"绿地.shp"，【连接要素】选择"水域.shp"。

③【连接操作(可选)】下拉框中选择"JOIN_ONE_TO_ONE"。

"JOIN_ONE_TO_ONE"是指在相同空间关系下，如果一个目标要素对应多个连接要素，就会使字段映射合并规则对连接要素中某个字段进行聚合，然后将其传递到输出要素类。

"绿地2"和"绿地3"要素上都有两个水域要素，需要对水域图层中的SHAPE_Area1字段设置合并规则为求和。

④右击"SHAPE_Area1(双精度)"，选择【合并规则】→【求和】，如图6.12所示。

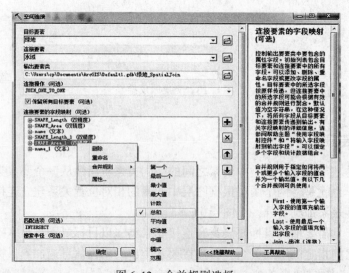

图6.12 合并规则选择

⑤【匹配选项(可选)】下拉框选择"INTERSECT"。

⑥其他选项默认,点击【确定】,完成空间连接操作,结果如图 6.13 所示。结果图层属性表如图 6.14 所示。

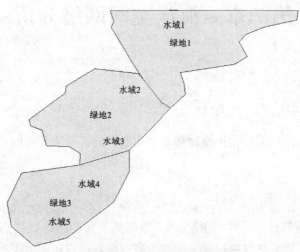

图 6.13 空间连接结果

	FID	Shape *	Join_Count	TARGET_FID	SHAPE_Leng	SHAPE_Area	name	SHAPE_Le_1	SHAPE_Ar_1	name_1
▶	0	面	1	1	.073984	.000190	绿地1	.019261	.000006	水域1
	1	面	2	2	.053900	.000170	绿地2	.014517	.000011	水域2
	2	面	2	3	.050044	.000148	绿地3	.008535	.000009	水域4

图 6.14 结果图层属性表

第7章 海洋空间网络分析

7.1 实验目的

通过实验掌握网络分析的操作流程和基本功能，理解网络分析的原理。

7.2 实验要求

在"唐岛湾"地理数据库下的"网络分析"数据集下新建网络数据集，对道路进行最优路径查找操作，对其他设施点进行服务区域、最近服务设施和成本距离分析。

7.3 实验数据

海洋空间网络分析采用"唐岛湾"个人地理数据库下的"道路"、"海岸线"、"餐饮"、"服务"、"购物"、"健康"等矢量数据。

7.4 软件配置

采用 ArcGIS10.0 以上版本的 ArcCatalog 软件和 ArcMap 中的网络分析工具【Network Analyst】。

7.5 网络分析操作

7.5.1 网络数据集的建立

创建传输网络数据集是传输网络分析的基础，传输网络分析都是基于传输网络数据集展开的。

①在 ArcCatalog 中，或者在 ArcMap 右侧【目录】下选择"唐岛湾.mdb"下的"网络分析"数据集，右键点击数据集，选择【新建】→【网络数据集】，打开新建网络数据集向导。

②属性设置：①设置网络数据集名称为"Network_ND"；②全选参与的要素；③设置构建转弯模型；④设置网络要素点线之间的连通性，将线要素选择为任意节点；⑤选择网

络要素高程建模;⑥为网络数据集指定长度(米)属性;⑦选择为网络数据集建立行驶方向;⑧检查是否设置正确,可以使用【上一步】进行回退修改;检查无误后,点击【完成】,当提示网络数据集已经建立,选择【是】,进行立即构建操作过程和结果如图7.1、图7.2、图7.3、图7.4、图7.5所示。

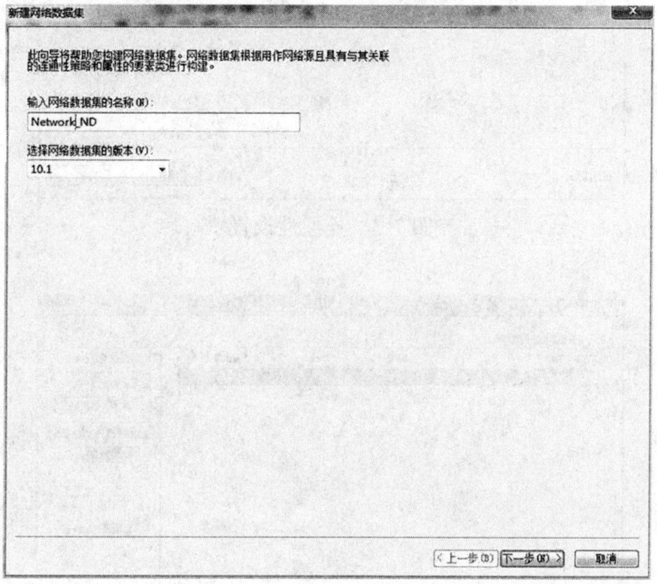

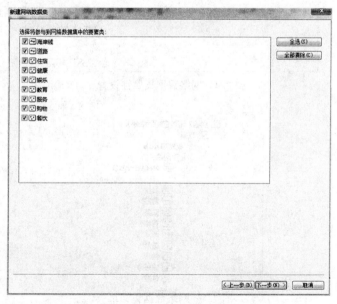

图7.1　网络数据集向导

图7.2　设置参与到网络数据集中的要素

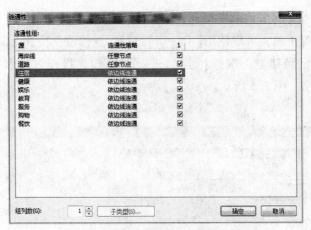

图 7.3　连通性设置

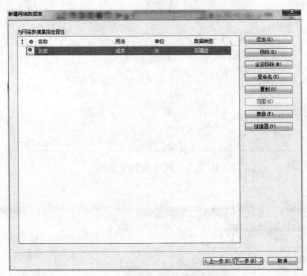

图 7.4　网络数据集属性设置

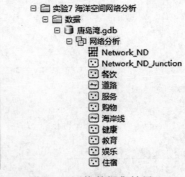

图 7.5　网络数据集结果

7.5.2 最优路径查找

①打开网络分析工具，在网络分析工具栏选择【Network Analyst】→【新建路径】，生成新的路径图层，单击【Network Analyst】工具条上的 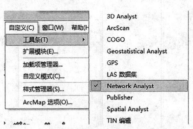（窗口）按钮，显示【Network Analyst】窗口，该窗口将显示停靠点、路径、点路障、线路障、面路障的相关信息，如图7.6、图7.7、图7.8所示。

图 7.6　打开 Network Analyst 工具条

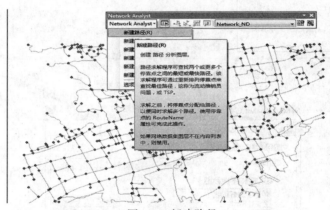

图 7.7　新建路径

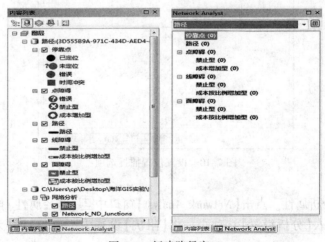

图 7.8　新建路径窗口

71

②添加停靠点。选择【Network Analyst】工具条上的 ▣ (创建网络位置) 按钮, 在地图网络图层的任意位置上点击以形成停靠点, 如图 7.9 所示。如果停靠点无法定位, 在网络分析工具中选择【Network Analyst】→【选项】, 进入【位置捕捉选项标签】, 设置位置捕捉环境, 如图 7.10 所示。

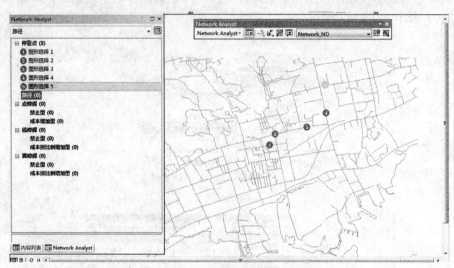

图 7.9　添加停靠点

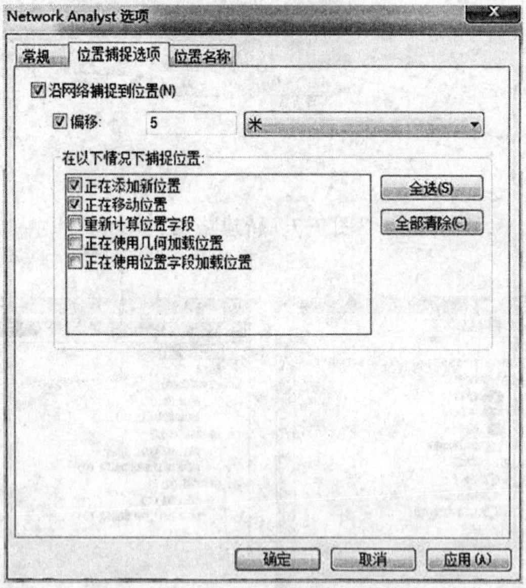

图 7.10　设置位置捕捉选项

③设置路径分析属性。点击【Network Analyst】窗口中▣ (路径属性) 按钮, 打开【图层属性】对话框。进入【分析设置】选项页, 将【阻抗】设置为距离"长度 (米)", 如图 7.11 所示。

图 7.11   分析设置

④点击【Network Analyst】工具条上 ▦（求解）工具，得到路径分析的分析结果，如图 7.12 所示。

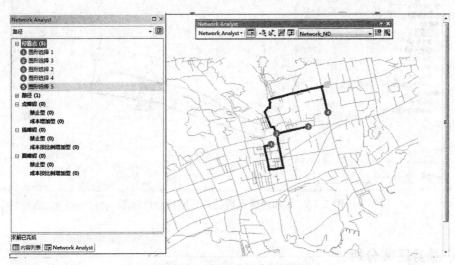

图 7.12   最短路径分析结果

⑤设置障碍。在【Network Analyst】窗口中选中【点障碍】，单击 ▤（创建网络位置），在地图网络图层的任意位置上点击以定义障碍，如图 7.13 所示，点击 ▦（求解）工具，得到设置了障碍后的路径分析结果，如图 7.14 所示。

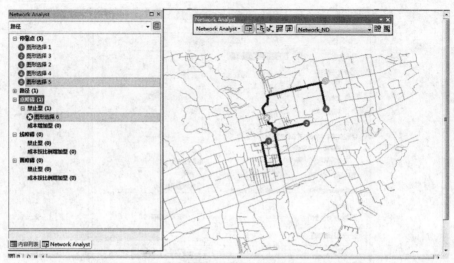

图 7.13　添加障碍点

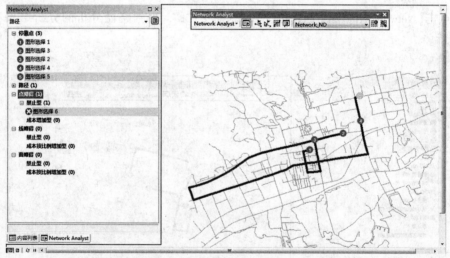

图 7.14　添加障碍点后的最短路径分析结果

7.5.3　服务区域分析

①在网络分析工具栏中选择【Network Analyst】→【新建服务区】，生成新的服务区图层，【Network Analyst】窗口显示设施点、面、线、点障碍等相关信息，如图 7.15 所示。

②添加服务设施点。在【Network Analyst】窗口中选中【设施点】，单击【Network Analyst】工具条上 按钮，在地图网络图层的任意位置上点击以形成设施点，如图 7.16 所示。

图 7.15 服务区域分析窗口

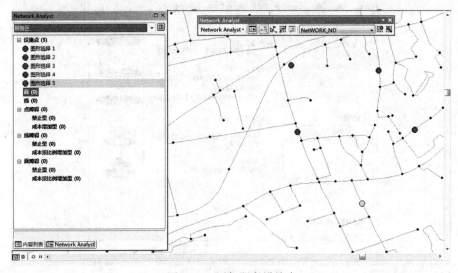

图 7.16 添加服务设施点

③设置属性。点击▣(属性)按钮,打开【图层属性】,进入【分析设置】,对【阻抗】进行设置,按照"长度(米)"来查找服务区范围,在【默认中断】输入框中输入设置的条件为"100",如图 7.17 所示。在【图层属性】→【面生成】选项里,可以设置【面类型】,如图7.18 所示。

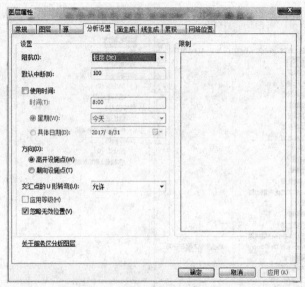

图 7.17　分析设置

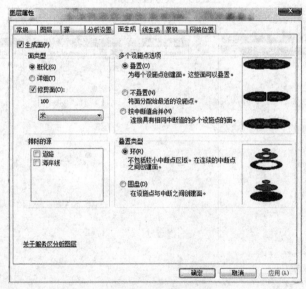

图 7.18　面类型设置

④点击【Network Analyst】工具条上█(求解)按钮，得到 100 米范围内的服务结果，如图 7.19 所示。

7.5.4　最近服务设施查找

①在网络分析工具栏上单击【Network Analyst】→【新建最近设施点】，生成新的最近设施图层，【Network Analyst】窗口显示设施点、事件点、路径、点障碍等相关信息，如图

7.20 所示。

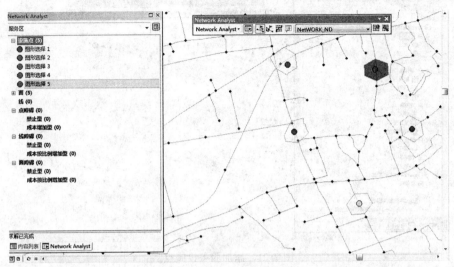

图 7.19　服务区域分析结果

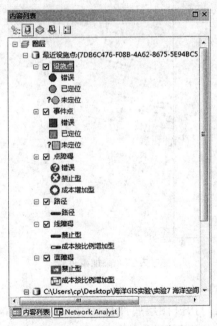

图 7.20　最近设施点分析窗口

　　②添加服务设施点。在【Network Analyst】窗口中选中【设施点】，单击【Network Analyst】工具条上 ![] (创建网络位置)按钮，在地图网络图层的任意位置上点击以形成设施点，如图 7.21 所示。选中【事件点】，单击 ![] (创建网络位置)按钮，在地图网络图层的任意位置上点击以形成事件点，如图 7.22 所示。

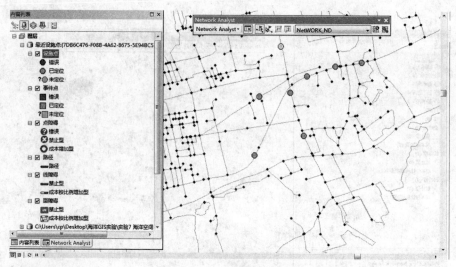

图 7.21 添加服务设施点

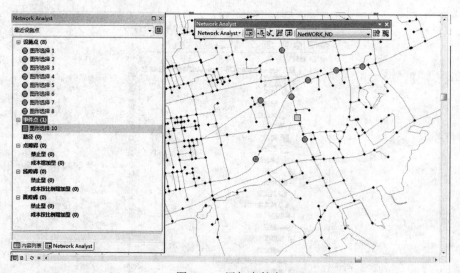

图 7.22 添加事件点

③点击 (属性)按钮，打开【图层属性】进入【分析设置】，对【阻抗】进行设置，按照"长度(米)"来查找最近服务设施，在【默认中断值】中设置中断属性，在【要查找的设施点】中输入要查找的最近服务设施的数量，在【行驶自】属性中设置查找方向为"事件点到设施点"，如图 7.23 所示。

④点击【Network Analyst】工具栏上 (求解)工具，得到事件点到最近服务设施点的路线，如图 7.24 所示。

图 7.23 分析设置

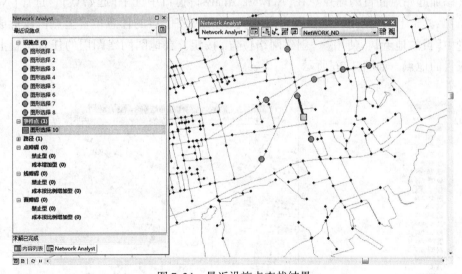

图 7.24 最近设施点查找结果

7.5.5 进行距离成本分析

①在网络分析工具栏上单击【Network Analyst】→【新建 OD 成本矩阵】，生成新的成本矩阵图层，【Network Analyst】窗口显示起始点，目的地点、线、点障碍等相关信息，如图 7.25 所示。

图 7.25　距离成本分析窗口

②添加起始点和目的地点。在【Network Analyst】窗口中选中【起始点】，选择【Network Analyst】工具条上（创建网络位置）按钮，在地图网络图层的任意位置上点击以形成起始点。选中【目的地点】，使用（创建网络位置）按钮，在地图网络图层的任意位置上点击以形成目的地点，如图 7.26 所示。

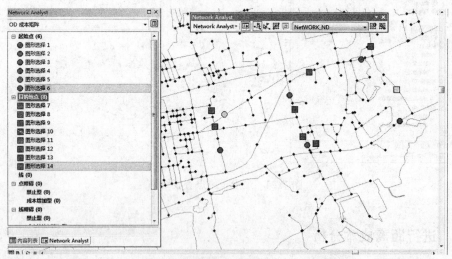

图 7.26　添加起始点和目的地点

③点击（属性）按钮，打开【图层属性】进入【分析设置】，对【阻抗】进行设置，按照"长度（米）"来计算成本矩阵，在【默认中断值】中设置中断属性，在【要查找的目的地】中

输入要查找的目的地数量，如图 7.27 所示。

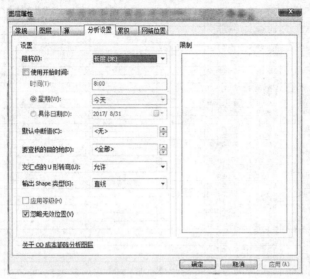

图 7.27　分析设置

④点击【Network Analyst】工具栏上 ⊞(求解)工具，得到起始点到目的地点的路径，如图 7.28 所示。

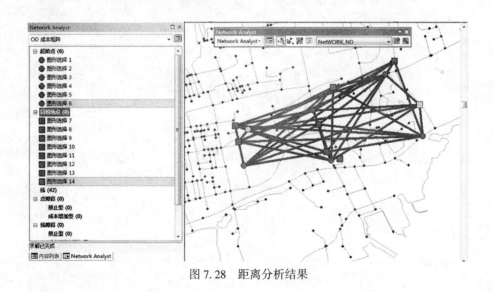

图 7.28　距离分析结果

⑤打开【线】的属性表，"Total_长度"属性记录了每个起始点到其对应的目的地点的距离，如图 7.29 所示。

ObjectID	Shape	Name	OriginID	DestinationID	DestinationRank	Total_长度
1	折线	图形选择 1 – 图形选择 13	1	7	1	146.676319
2	折线	图形选择 1 – 图形选择 7	1	1	2	558.518236
3	折线	图形选择 1 – 图形选择 10	1	4	3	7048.576841
4	折线	图形选择 1 – 图形选择 11	1	5	4	7295.9786
5	折线	图形选择 1 – 图形选择 8	1	2	5	9588.551509
6	折线	图形选择 1 – 图形选择 9	1	3	6	10599.842227
7	折线	图形选择 1 – 图形选择 14	1	8	7	11068.2007
8	折线	图形选择 2 – 图形选择 7	2	1	1	201.620677
9	折线	图形选择 2 – 图形选择 13	2	7	2	613.462594
10	折线	图形选择 2 – 图形选择 10	2	4	3	6288.437928
11	折线	图形选择 2 – 图形选择 11	2	5	4	6535.839687
12	折线	图形选择 2 – 图形选择 8	2	2	5	9455.197298
13	折线	图形选择 2 – 图形选择 9	2	3	6	10466.488017
14	折线	图形选择 2 – 图形选择 14	2	8	7	10934.84649
15	折线	图形选择 3 – 图形选择 9	3	3	1	304.6707
16	折线	图形选择 3 – 图形选择 8	3	2	2	706.620019
17	折线	图形选择 3 – 图形选择 14	3	8	3	773.029173
18	折线	图形选择 3 – 图形选择 7	3	1	4	9960.196639
19	折线	图形选择 3 – 图形选择 13	3	7	5	10148.495208
20	折线	图形选择 3 – 图形选择 10	3	4	6	13287.965394
21	折线	图形选择 3 – 图形选择 11	3	5	7	13535.367154
22	折线	图形选择 4 – 图形选择 14	4	8	1	625.22979
23	折线	图形选择 4 – 图形选择 9	4	3	2	1399.315427
24	折线	图形选择 4 – 图形选择 8	4	2	3	2104.878981
25	折线	图形选择 4 – 图形选择 7	4	1	4	11358.455602
26	折线	图形选择 4 – 图形选择 13	4	7	5	11546.75417
27	折线	图形选择 4 – 图形选择 10	4	4	6	14686.224357
28	折线	图形选择 4 – 图形选择 11	4	5	7	14933.626116
29	折线	图形选择 5 – 图形选择 11	5	5	1	369.525279
30	折线	图形选择 5 – 图形选择 10	5	4	2	616.927038
31	折线	图形选择 5 – 图形选择 7	5	1	3	7106.985643
32	折线	图形选择 5 – 图形选择 13	5	7	4	7518.82756

图 7.29　属性表

第8章 海洋栅格空间分析

8.1 实验目的

通过实验掌握海洋栅格数据空间分析的操作过程。

8.2 实验要求

对栅格数据进行转换、重分类、计算和邻域统计等分析操作。

8.3 实验数据

其他海洋空间分析采用"bhw. tif. tif"（渤海湾）、"haianxiantif"（海岸线）、"emidalat. tif"等栅格数据。

8.4 软件配置

采用 ArcToolbox 中的空间分析工具进行海洋空间数据分析。

8.5 栅格数据查看

在 ArcMap 软件中新建地图文档，加载栅格数据"bhw. tif"，在内容列表中右键点击图层"bhw. tif"，选择【属性】，打开【图层属性】对话框，如图 8.1 和图 8.2 所示。

在【图层属性】对话框中，点击【源】选项，可以查看此栅格图层的相关属性及统计信息。

在 ArcMap 中打开【空间分析】工具栏，点击 📊（创建直方图）按钮，查看栅格数据的统计直方图，如图 8.3 所示。

在 ArcMap 中加载离散栅格数据"haianxian"，在内容列表中右键点击"haianxian"，选择【打开属性表】，查看其属性，如图 8.4 所示。

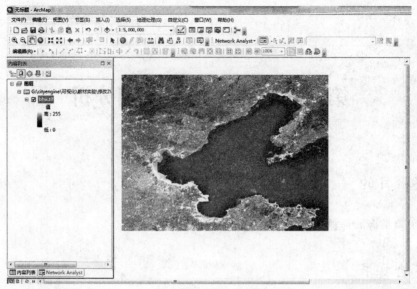

图 8.1　加载栅格数据

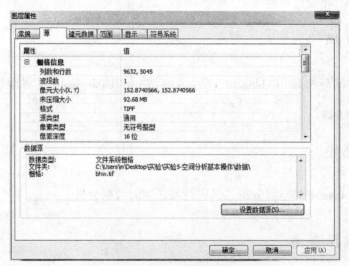

图 8.2　图层属性查看

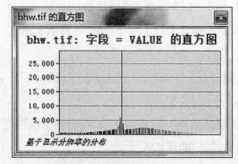

图 8.3　栅格数据的统计直方图

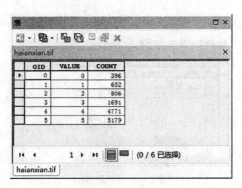

图 8.4 属性表

8.6 矢量数据转换为栅格数据

在 ArcCatalog 目录树下右键点击数据文件夹，选择【新建】→【Shapefile】，要素类型选择"面"，命名为"ClipPoly. shp"，如图 8.5 所示。

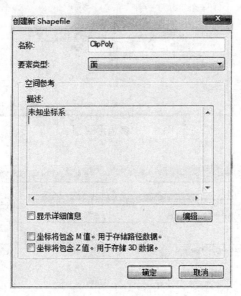

图 8.5 新建 Shapefile

在 ArcMap 中，加载栅格数据"haianxian"和"ClipPoly. shp"。启动【编辑器】，编辑图层"ClipPoly"，根据要剪切的区域，绘制一个多边形。绘制完成后打开属性表，如图 8.6 所示。

在属性表中修改多边形 Id 字段的值为"1"，保存编辑内容，停止编辑，在 ArcMap 中显示多边形绘制的结果如图 8.7 所示。

在 ArcToolbox 中选择【Spatial Analyst】→【提取分析】→【按掩膜提取】工具，打开【按掩膜提取】对话框，如图 8.8 所示。

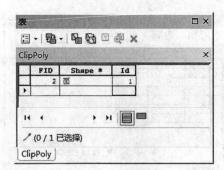

图 8.6　修改 ID

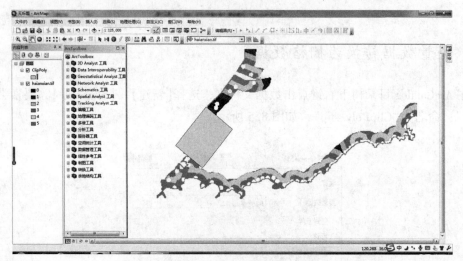

图 8.7　多边形绘制

图 8.8　【按掩膜提取】对话框

在【按掩膜提取】对话框中的【输入栅格】中选择"haianxian"图层，【要素掩膜数据】选择"ClipPoly. shp"图层，点击【确定】，生成新的栅格图层，如图8.9所示。该图层便是根据已知多边形裁剪原有栅格所得到的栅格图层。

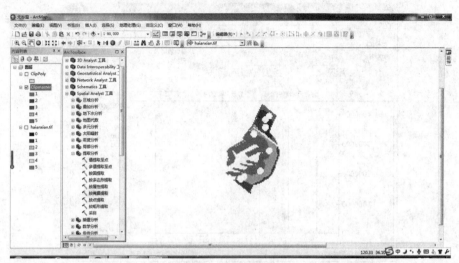

图 8.9 栅格结果图

8.7 栅格重分类

通过栅格重分类操作可以将连续栅格数据转换为离散栅格数据。

在 ArcMap 中新建地图文档，加载栅格数据"bhw. tif"，在 ArcToolbox 中选择【Spatial Analyst】→【重分类】工具，打开【重分类】对话框，参数设置如图8.10所示。

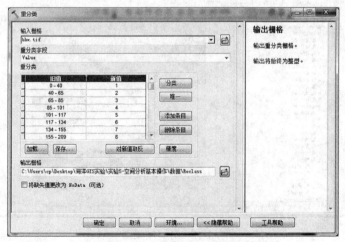

图 8.10 【重分类】对话框

在【重分类】对话框中点击【分类】进行类别设置，打开【分类】对话框，如图 8.11 所示。

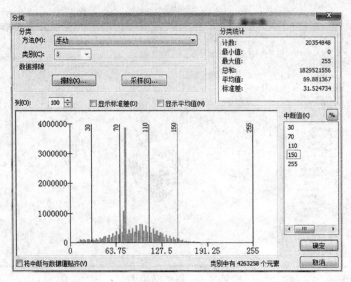

图 8.11   【分类】对话框

在【分类】对话框设置分类方法、类别以及中断点的数值。将栅格重新分为 5 类：0~30、30~70、70~110、110~150、150~255。设置完成之后在【输出栅格】中设置路径和名称（默认输出路径），点击【确定】，得到重分类结果图，如图 8.12 所示。

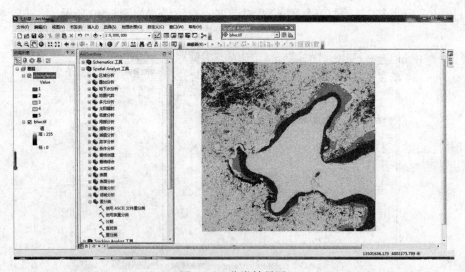

图 8.12   分类结果图

8.8 栅格计算

在 ArcToolbox 中选择【Spatial Analyst】→【地图代数】→【栅格计算器】，打开【栅格计算器】对话框，如图 8.13 所示。

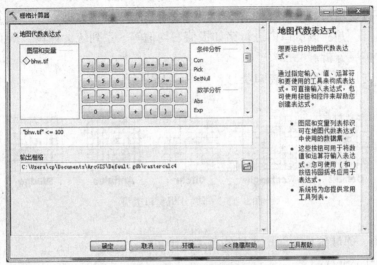

图 8.13 栅格计算器

在【栅格计算器】对话框的输入框中键入表达式："bhw. tif" = 100，点击【确定】，得到栅格计算结果，如图 8.14 所示。

图 8.14 栅格计算结果

在本栅格图层中，满足表达式的栅格赋值为 1，其余的栅格赋值为 0(默认输出路径)。

8.9 邻域统计

邻域分析也称为窗口分析，主要应用于栅格数据。地理要素在空间上存在着一定的关联性，对于栅格数据所描述的某类地学要素，其中的(I, J)栅格往往会影响其周围栅格的属性特征，准确而有效地反映这类事物空间上联系的特点，是 GIS 地学分析的重要任务。窗口分析是指对于栅格数据系统中的一个、多个栅格点或全部数据，开辟一个有固定分析半径的分析窗口，并在该窗口内进行诸如极值、均值等一系列统计计算，从而实现栅格数据水平方向的扩展分析。

邻域分析支持的几种分析窗口类型，如图 8.15 所示。

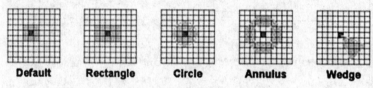

图 8.15 邻域分析窗口类型

ArcMap 中，邻域统计功能所支持的各类算子包括：
- 多数（Majority）；
- 最大值（Maximum）；
- 均值（Mean）；
- 中值（Median）；
- 最小值（Minimum）；
- 少数（Minority）；
- 范围（Range）；
- 标准差（Standard Deviation）；
- 总数（Sum）；
- 变异度（Variety）；
- 高通量（High Pass）；
- 低通量（Low Pass）；
- 焦点流（Focal Flow）。

在 ArcMap 中新建地图文档，加载栅格数据"emidalat"，在 ArcToolbox 中选择【Spatial Analyst】→【邻域分析】→【焦点统计】，得到【焦点统计】对话框，如图 8.16 所示。

在【焦点统计】对话框中，【输入栅格】选择"bhw. tif"，点击【确定】，得到一个经过邻域运算操作后的栅格"emidalat"，如图 8.17 所示。

这是以 3×3 的格网，对"emidalat"栅格中的单元运用"均值（Mean）"算子进行邻域运算后得到的结果，是每个输入像元位置计算其周围指定邻域内值的统计数据。

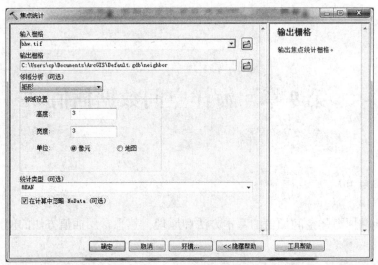

图 8.16 【焦点统计】对话框

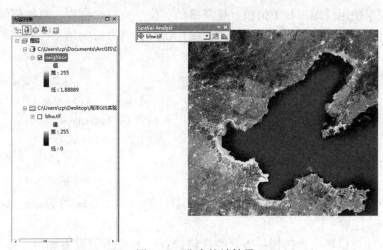

图 8.17 焦点统计结果

第9章 海洋空间数据插值

9.1 实验目的

通过实验掌握海洋空间插值的基本方法和原理，熟悉常用插值方法的使用。

9.2 实验要求

对海风数据使用反距离权重插值、样条函数插值、克里金插值、自然邻域插值以及趋势面插值等方法进行插值操作，观察并分析使用每种插值方法的结果。

9.3 实验数据

海洋空间数据插值采用某一时间段内的海风矢量数据"haifeng. shp"。

9.4 软件配置

采用 ArcGIS10. 0 以上版本的 ArcToolbox 工具，在 ArcToolbox 的 Spatial Analyst 模块下进行插值分析。

有多种方法可以用来进行栅格表面的插值运算，如反距离权重插值、样条函数插值、克里金插值、自然邻域插值以及趋势面插值等。

空间插值是指利用研究区已知数据来估算未知数据的过程，即将离散点的测量数据转换为连续的数据曲面，在区域研究的过程中，要获得区域内每个点的数据是非常困难的。一般情况下只采集研究区域的部分数据，这些数据以离散点的形式存在，只有在采样点上才有准确的数值，未采样点上没有数值。但是在实际应用中却经常需要用到某些未采样点的值，此时需要将已知样本点的值按一定方法扩散开来，给其他的点赋予一个合理的预测值。

9.5 反距离权重插值

反距离权重(Inverse Distance Weighted)是一种常用而简便的空间插值方法，它以插值点与样本点间的距离为权重进行加权平均，离插值点越近的样本点赋予的权重越大。其操作步骤如下：

①在 ArcMap 中加载数据点图层"haifeng. shp"。

②在 ArcToolbox 中选择【Spatial Analyst】→【插值分析】→【反距离权重法】，打开【反距离权重法】对话框，如图 9.1 所示。

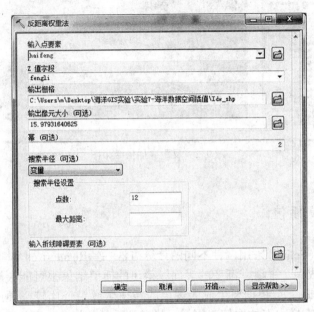

图 9.1 【反距离权重法】对话框

【反距离权重法】对话框中，在【输入点要素】中选择参与内插计算的点数据集；在【Z值字段】中选择参与内插计算的字段名称；在【输出栅格】中输入结果文件名称；在【输出像元大小】中设置输出表面的栅格大小；在【幂】中输入 IDW 的幂值，幂值是一个正实数，其缺省值为 2；在【搜索半径】下拉箭头中，选择搜索半径类型，其选项有两类，a. 变量：可变搜索半径，b. 固定：固定搜索半径；【输入折线障碍要素】为可选项，可以用于指定一个中断线文件，中断线是指用来限制搜索输入样本点的多线段数据集，中断线不必具有 Z 值。

③在【反距离权重法】对话框中，设置输入点要素为"haifeng"，设置 Z 值字段为"fengli"，设置输出栅格位置，其他参数不变，单击【确定】，完成反距离权重插值操作，结果如图 9.2 所示。

利用该方法进行插值时，样点分布应尽可能均匀，且布满整个插值区域。对于不规则分布的样点，插值时利用的样点往往也会不均匀地分布在周围的不同方向上，这样，每个方向对插值结果产生不同的影响，插值结果的准确度也会降低。

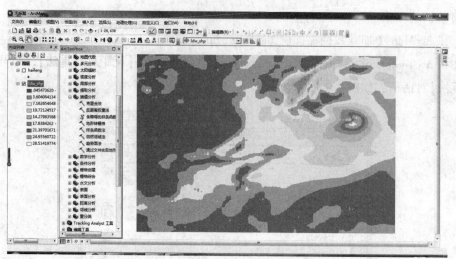

图9.2 反距离插值结果图

9.6 样条函数插值

样条函数插值（Spline）采用两种不同的计算方法——Regularized 和 Tension。如果选择
Regularized，将生成一个平滑、渐变的表面，得出的插值结果很可能会超出样本点的取值
范围，而选择 Tension，会根据要生成的现象的特征生成一个比较坚硬的表面，得出结果
的插值更接近限制在样本点的取值范围内。样条函数插值操作过程如下：

①在 ArcMap 中加载数据点图层"haifeng. shp"。

②在 ArcToolbox 中选择【Spatial Analyst】→【插值分析】→【样条函数法】，打开【样条函
数法】对话框，如图9.3所示。

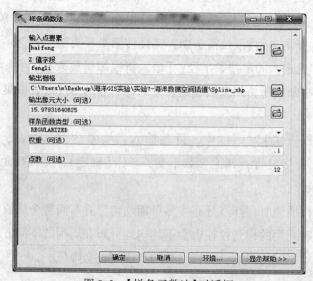

图9.3 【样条函数法】对话框

【样条函数法】对话框中，在【输入点要素】中选择需要进行插值的离散点数据层；在【Z值字段】中选择要加入的字段；在【样条函数类型】中选择样条插值方法："Regularized"或"Tension"；在【权重】文本框中输入权重值；在【点数】文本框中输入参加插值运算的样本点数目；在【输出像元大小】文本框中指定输出表面的栅格大小；在【输出栅格】中键入输出结果的名称和路径。

③在【样条函数法】对话框中，设置输入点要素为"haifeng"，设置 Z 值字段为"fengli"，设置输出栅格位置，样条函数类型为"Regularized"，其他参数不变，单击【确定】，完成样条函数插值操作，结果如图 9.4 所示。

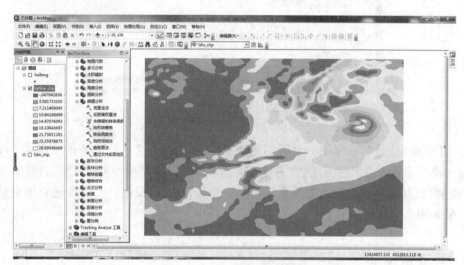

图 9.4　样条函数插值结果图

9.7　克里金插值

9.7.1　普通克里金插值

克里金(Kriging)插值不同于反距离权重插值和样条函数插值，反距离权重插值和样条函数插值是确定性插值，克里金插值是一种基于统计学的插值方法。

克里金进行空间插值的基本步骤如下：

①在 ArcMap 中加载数据点图层"haifeng. shp"。

②在 ArcToolbox 中选择【Spatial Analyst】→【插值分析】→【克里金法】，打开【克里金法】对话框，如图 9.5 所示。

【克里金法】对话框中，【输入点要素】中选择被用来进行插值的离散点数据；在【Z值字段】中选择要加入的字段；在【克里金方法】选项中选择普通克里金或泛克里金；在【半变异模型】下拉选项中选择类型：球面、指数、高斯等；在【搜索半径】中选择搜索半径类型，"固定"或"可变"；在【输出像元大小】中设置输出表面的栅格大小；在【输出表面栅格】中键入输出表面栅格数据的名称和路径。

图9.5 【克里金法】对话框

③在【克里金法】对话框中，设置输入点要素为"haifeng"，设置 Z 值字段为"fengli"，设置输出栅格位置，克里金方法为"普通克里金"，变异模型为"球面函数"，搜索半径设置为"变量"，其他参数不变，如图9.5 所示。单击【确定】按钮，完成普通克里金插值操作，结果如图9.6 所示。

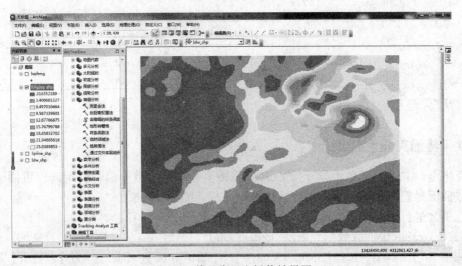

图9.6 普通克里金插值结果图

9.7.2 泛克里金插值

①在 ArcMap 中加载数据点图层"haifeng. shp"。

②在 ArcToolbox 中单击【Spatial Analyst】→【插值分析】→【克里金法】，打开【克里金

法】对话框，如图9.7所示。

图9.7 【克里金法】对话框

在【克里金法】对话框中，在【输入点要素】设置输入点要素为"haifeng"，在【Z值字段】设置Z值字段为"fengli"，在【克里金方法】选项中勾选为"泛克里金"，在【半变异模型】下拉选项中选择类型为"与一次漂移函数成线性关系"，在【搜索半径】中选择搜索半径为"变量"，其他参数不变，单击【确定】，完成泛克里金插值操作，结果如图9.8所示。

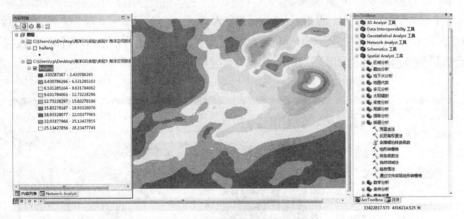

图9.8 泛克里金插值结果图

9.8 自然邻域法插值

自然邻域法插值(Natural Neighborhood)工具也是使用附近点的值和距离预估每个像元的表面值，该插值也称为 Sibson 或"区域占用(area stealing)"插值。

自然邻域法插值基本步骤如下：

①在 ArcMap 中加载数据点图层"haifeng. shp"。

②在 ArcToolbox 中选择【Spatial Analyst】→【插值分析】→【自然邻域法】，打开【自然邻域法】对话框，如图 9.9 所示。

图 9.9　【自然邻域法】对话框

【自然邻域法】对话框中，在【输入点要素】中选择被用来进行插值的离散点数据；在【Z 值字段】中选择要插值的字段；在【输出栅格】中设置结果文件名称和路径；在【输出像元大小】中设置输出表面的栅格大小。

③在【自然邻域法】对话框中，设置输入点要素为"haifeng"，设置 Z 值字段为"fengli"，设置输出栅格位置，输出像元大小不变，如图 9.9 所示，单击【确定】，完成自然邻域法插值操作，结果如图 9.10 所示。

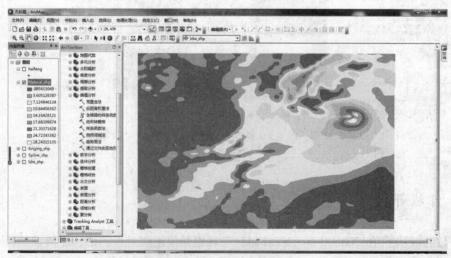

图 9.10　自然邻域法插值结果图

9.9 趋势面法插值

趋势面法插值(Trend)工具可通过全局多项式插值法将由数学函数(多项式)定义的平滑表面与输入采样点进行拟合。趋势表面会逐渐变化，并捕捉数据中的粗尺度模式。使用趋势插值法可获得表示感兴趣区域表面渐进趋势的平滑表面。

趋势面法插值的具体步骤如下：

①在 ArcMap 中加载数据点图层"haifeng. shp"。

②在 ArcToolbox 中选择【Spatial Analyst】→【插值分析】→【趋势面法】，打开【趋势面法】对话框，如图 9.11 所示。

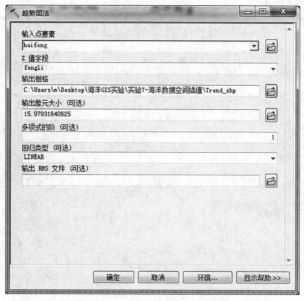

图 9.11 【趋势面法】对话框.

【趋势面法】对话框中，在【输入点要素】中选择被用来进行插值的离散点数据；在【Z值字段】中选择要插值的字段；在【输出栅格】中输入结果文件名称；在【输出像元大小】中输入输出结果的栅格大小；【多项式的阶】是可选项，其可选的值是介于1~12的整数，选择值1会对点进行平面拟合，选择高值会拟合更为复杂的曲面，默认值为1；【回归类型】为可选项，其中 LINEAR 表示执行线性回归，对输入点进行最小二乘曲面拟合，适用于连续型数据，LOGISTIC 表示执行逻辑趋势面分析，为二元数据生产连续的概率曲面；【输出RMS 文件】是可选项，表示是否需要生成预测的标准误差。

③在【趋势面法】对话框中，设置输入点要素为"haifeng"，设置 Z 值字段为"fengli"，设置输出栅格位置，回归类型为"LINEAR"，其他参数不变，单击【确定】，完成趋势面法插值操作，结果如图 9.12 所示。

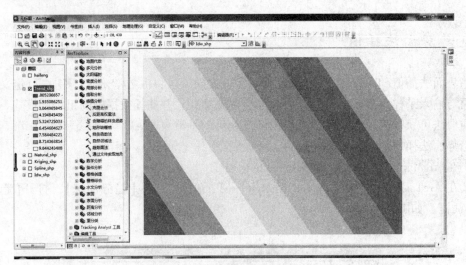

图 9.12　趋势面插值结果

第 10 章　洱海水域地形分析

10.1　实验目的

通过实验掌握 TIN 和 DEM 的生成操作，熟悉 TIN 的符号化显示，使用 ArcGIS 软件对 DEM 进行分析，获取 DEM 基本参数。

10.2　实验要求

使用等高线数据生成 TIN 和 DEM 数据，对 TIN 进行符号化显示并转换为坡度多边形。获取 DEM 中的坡度、坡向、剖面曲率、平面曲率等参数，并对 DEM 进行可视性分析。

10.3　实验数据

洱海水域地形分析采用表示地形的"Elevpt_Clip. shp"、"Elev_Clip. shp"等矢量数据，表示大理市范围的"Boundary. shp"数据，表示洱海范围的"Erhai. shp"数据和用于进行视域分析的"移动基站 . shp"数据。

10.4　软件配置

采用 ArcGIS10. 0 以上版本的 ArcToolbox 工具下的 3D Analyst 工具进行水域地形分析。

TIN 通常由一种或多种输入数据创建，或者以分阶段创建 TIN 表面，创建 TIN 后，可以使用"编辑 TIN"工具将其他矢量数据添加到新的 TIN。

表面分析主要通过生成新的数据集，如等值线、坡度、坡向、山体阴影等派生数据，获得更多的反映原始数据集中暗含的空间特征、空间格局等信息。在 ArcGIS 中，表面分析的主要功能有：查询表面值、从表面获取坡度和坡向信息、创建等值线、分析表面的可视性、从表面计算山体的阴影、确定坡面线的高度、寻找最陡路径、计算面积和体积、数据重分类、将表面转化为矢量数据等。

10.5　TIN 及 DEM 生成

10.5.1　高程点、等高线矢量数据生成 TIN

①启动 ArcMap 软件，添加矢量数据"Elevpt_Clip"、"Elev_Clip"、"Boundary"、"Erhai"，如图 10.1 所示。

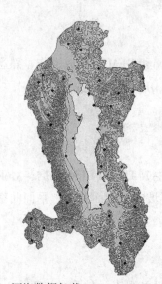

图 10.1　洱海数据加载

②在 ArcToolbox 中选择【3D Analyst】→【数据管理】→【TIN】→【创建 TIN】，打开【创建 TIN】对话框，如图 10.2 所示。

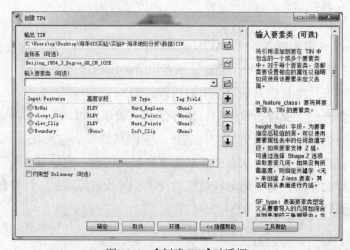

图 10.2　【创建 TIN】对话框

③在【创建 TIN】对话框中，选择输出 TIN 的位置，选择坐标系，在【输入要素类】中将四个矢量图层作为要素类，其中指定图层"Erhai"的高度字段为"ELEV"，SF Type 为"Hard Release"，Tag Field 为"None"，其他图层参数使用默认值即可，单击【确定】，生成新图层"tin"。在内容列表(TOC)中关闭除"tin"和"Erhai"之外的其他图层，得到如图 10.3 所示的效果图。

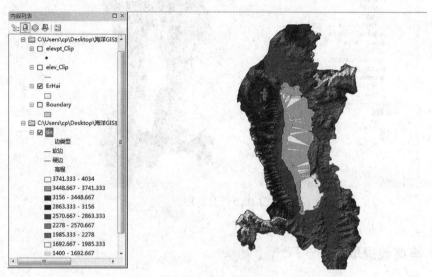

图 10.3 洱海 TIN 图层

10.5.2 TIN 生成 DEM

在 ArcToolbox 中选择【3D Analyst】→【转换】→【由 TIN 转出】→【TIN 转栅格】，打开【TIN 转栅格】对话框，如图 10.4 所示。

图 10.4 【TIN 转栅格】对话框

在【TIN 转栅格】对话框中，【输入 TIN】中选择"tin"图层，指定输出位置，默认其他可选项，点击【确定】，生成 DEM，如图 10.5 所示。

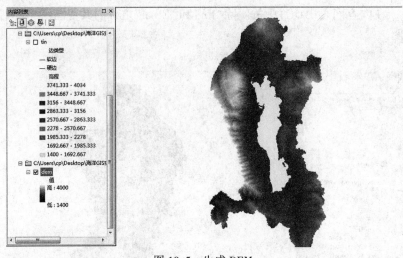

图 10.5　生成 DEM

10.5.3　等高线提取

①加载 DEM 数据"dem"。

②在 ArcToolbox 中的选择【3D Analyst】→【栅格表面】→【等值线】，打开【等值线】对话框，如图 10.6 所示。

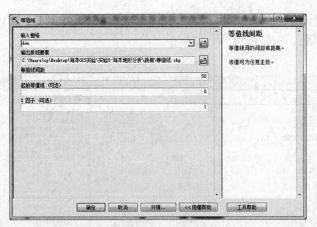

图 10.6　【等值线】对话框

在【等值线】对话框，【输入栅格】选择"dem"图层，点击【确定】，生成等高线矢量图层，如图 10.7 所示。

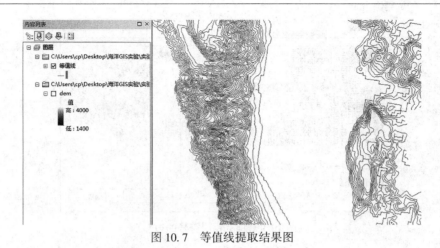

图 10.7　等值线提取结果图

10.6　TIN 的显示

10.6.1　TIN 的符号化显示

①在 ArcMap 的内容列表中，右键点击"tin"图层，选择【属性】，打开【图层属性】对话框，如图 10.8 所示。

图 10.8　图层属性设置

②点击【符号系统】选项，将【边类型】和【高程】前面检查框中的勾去掉，点击【添加】按钮，在【添加渲染器】对话框中，将【具有相同符号的边】和【具有相同符号的节点】这两项添加到 TIN 的显示列表中，如图 10.9 和图 10.10 所示。

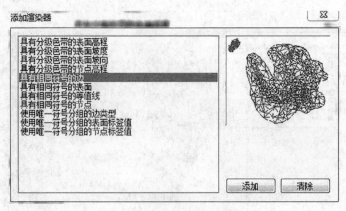

图 10.9 具有相同符号的边

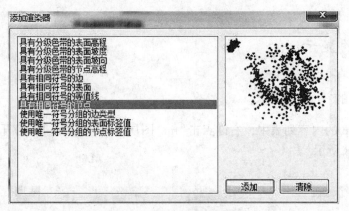

图 10.10 具有相同符号的节点

③将添加后生成的"tin"图层局部放大，如图 10.11 所示。

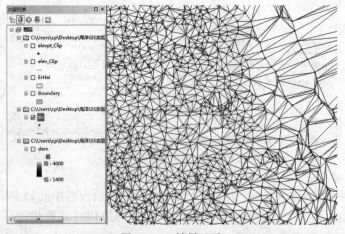

图 10.11 结果显示

10.6.2 TIN 转换为坡度多边形

①右键点击"tin"图层，选择【属性】，打开【图层属性】对话框，如图 10.12 所示。

图 10.12 【图层属性】对话框

②在【图层属性】对话框中，点击【符号系统】选项，点击【添加】按钮，在【添加渲染器】对话框中，将【具有分级色带的表面坡度】和【具有分级色带的表面坡向】这两项添加到 TIN 的显示列表中，如图 10.13 和图 10.14 所示。

③对添加后生成的图层，右键点击，选择【属性】，在【图层属性】对话框中，选中【坡度(度)】，点击【分类】按钮，在【分类】对框中，将【类别】指定为"5"，然后在【中断值】列表中输入中断值：(8，15，25，35，90)，如图 10.15 所示。

两次点击【确定】后关闭【图层属性】对话框，生成的图层"tin"将根据指定的渲染方式进行渲染，效果如图 10.16 所示。

图 10.13 具有分级色带的表面坡度

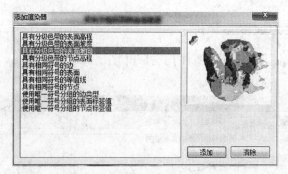

图 10.14　具有分级色带的表面坡向

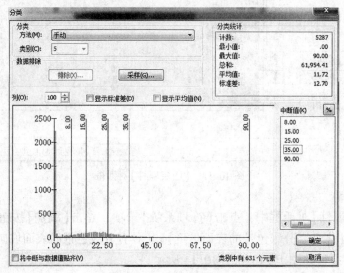

图 10.15　参数分类设置

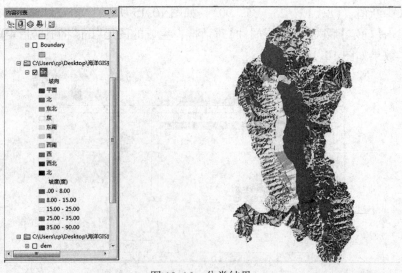

图 10.16　分类结果

④在 ArcToolbox 中选择【3D Analyst】→【表面三角化】→【表面坡度】，打开【表面坡度】对话框，如图 10.17 所示。

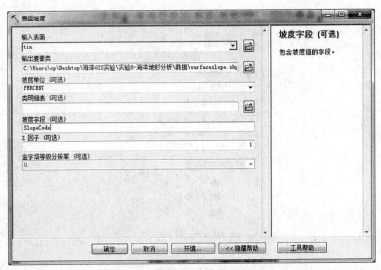

图 10.17 【表面坡度】对话框

在【表面坡度】对话框中，【输入表面】选择"tin"图层，【输出要素类】选择文件位置，其他可选项保持默认参数，点击【确定】，得到多边形图层"surface"。它表示研究区内各类坡度的分布状况，结果是矢量格式，打开其属性表可以看到属性"SlopeCode"值，如图 10.18 所示。

FID	Shape *	SlopeCode
0	面	5
1	面	1
2	面	1
3	面	5
4	面	1
5	面	3
6	面	5
7	面	1
8	面	1
9	面	3
10	面	5
11	面	1
12	面	1
13	面	5
14	面	1
15	面	3
16	面	1
17	面	3
18	面	1
19	面	1

图 10.18 属性表

在矢量图层"surface"的要素属性表中，属性"SlopeCode"值(1，2，3，4，5)分别表示坡度范围(0—10)、(10—15)、(15—25)、(25—35)、(>35)。

⑤TIN 转换为坡向多边形参照以上第②步，得到坡向多边形图层，如图 10.19 所示。

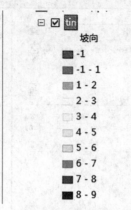

图 10.19　坡向分布

得到的坡向多边形中属性"AspectCode"的数值(-1，1，2，3，4，5，6，7，10，9)分别表示当前图斑的坡向(平坦、北、东北、东、东南、南、西南、西、西北、北)，其中 1，9 是相同的可以合并为 1。

10.6.3　DEM 渲染

右键点击"dem"图层，选择【属性】，打开【图层属性】对话框，如图 10.20 所示。

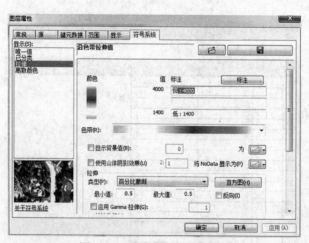

图 10.20　【图层属性】对话框

在【图层属性】对话框中，设置【符号系统】选项中的颜色，打开工具栏中的【效果】工具，设置栅格图层"dem"的透明度为 40% 左右，如图 10.21 所示。

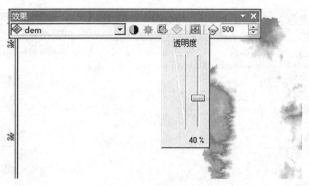

图 10.21　透明度设置

调节透明度后得到栅格图层"dem"的渲染效果图，如图 10.22 所示。

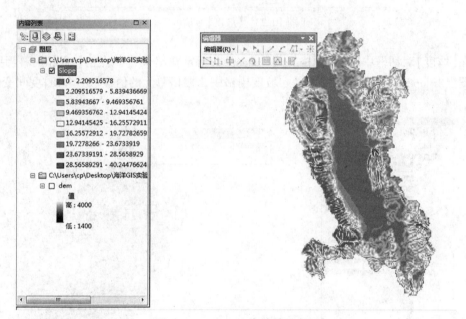

图 10.22　DEM 渲染效果示意图

10.7　地形分析

10.7.1　坡度

①加载 DEM 数据"dem"。

②在 ArcToolbox 中选择【3D Analyst】→【栅格表面】→【坡度】，打开【坖度】对话框，如图 10.23 所示。

111

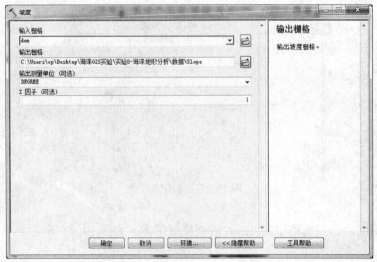

图 10.23　【坡度】对话框

在【坡度】对话框中【输入栅格】选择"dem"，指定输出位置，点击【确定】，得到坡度栅格图层"Slope"，如图 10.24 所示。坡度栅格中，栅格单元的值在[0，−40]度间变化。

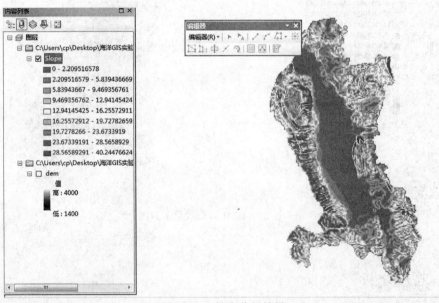

图 10.24　坡度分析结果

③右键点击图层"Slope"，选择【属性】，打开【属性对话框】，对【图层属性】中的【符号系统】进行设置，可重新调整坡度分级。

10.7.2　剖面曲率

在 ArcToolbox 中选择【3D Analyst】→【栅格表面】→【坡度】，打开【坡度】对话框，如

图 10.25 所示。

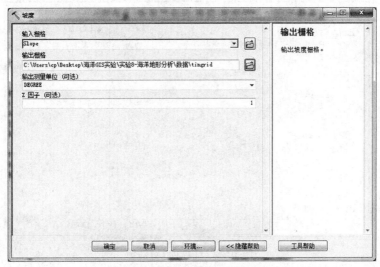

图 10.25 【坡度】对话框

在【坡度】对话框中，【输入栅格】选择"Slope"，点击【确定】，得到剖面曲率栅格"tingrid"，如图 10.26 所示。

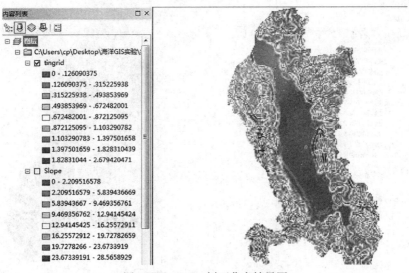

图 10.26 Slope 剖面曲率结果图

10.7.3 坡向

在 ArcToolbox 中选择【3D Analyst】→【栅格表面】→【坡向】，打开【坡向】对话框，如图 10.27 所示。

图 10.27　【坡向】对话框

在【坡向】对话框中，【输入栅格】选择"dem"，【输出栅格】指定相应位置，点击【确定】，得到坡向栅格"sapect"，如图 10.28 所示。

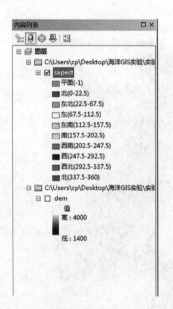

图 10.28　坡向结果图

10.7.4　平面曲率

在 ArcToolbox 中选择【3D Analyst】→【栅格表面】→【坡向】，打开【坡向】对话框，如图 10.29 所示。

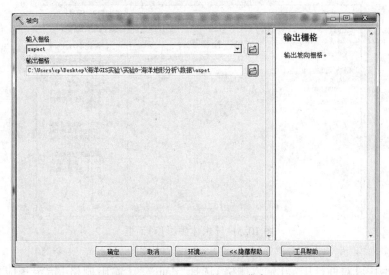

图 10.29 sapect 的平面曲率

在【坡向】对话框中,【输入栅格】选择"dsapect",【输出栅格】指定相应位置,点击
【确定】,生成平面曲率栅格"aspect",如图 10.30 所示。

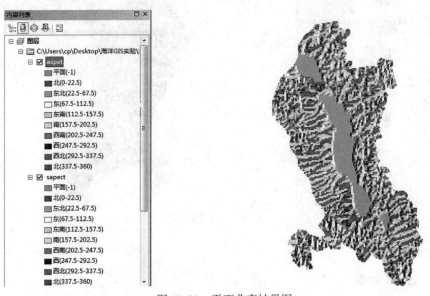

图 10.30 平面曲率结果图

10.7.5 地形表面阴影图

在 ArcToolbox 中选择【3D Analyst】→【栅格表面】→【山体阴影】,打开【山体阴影】对
话框,如图 10.31 所示。

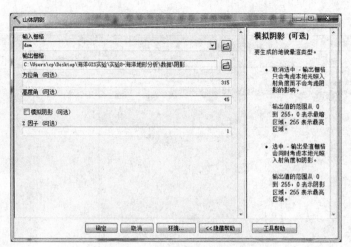

图 10.31　【山体阴影】对话框

　　在【山体阴影】对话框中,【输入栅格】选择"dem",【输出栅格】指定相应位置,点击
【确定】,生成地表阴影栅格"山体阴影",如图 10.32 所示。

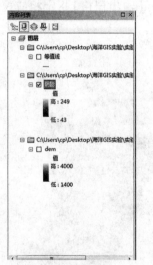

图 10.32　山体阴影图

10.8　可视性分析

10.8.1　通性分析

　　①在 ArcToolbox 中打开【3D Analyst】工具栏,从工具栏中选择 ![tool] (创建视线)工具,打
开【创建视线】对话框,如图 10.33 所示。

图 10.33　【创建视线】对话框

②在【通视分析】对话框中输入"观察点偏移"和"目标偏移"的数值，如图 10.34 所示。

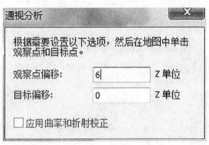

图 10.34　距离设置

在地图显示区中从某点沿不同方向绘制多条直线，可以得到观察点到不同目标点的通视性，如图 10.35 所示。

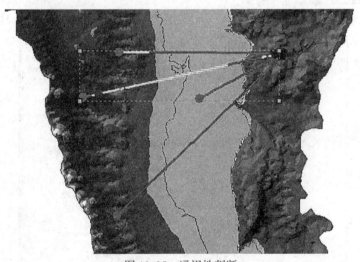

图 10.35　通视性判断

在电脑屏幕上绿色线段表示可视的部分，红色线段表示不可见部分。

10.8.2　可视域分析

①在内容列表中添加"tingrid"图层和"移动基站"数据矢量图层。

②在 ArcToolbox 中选择【3D Analyst】→【可见性】→【视域】，打开【视域】对话框，如图 10.36 所示。

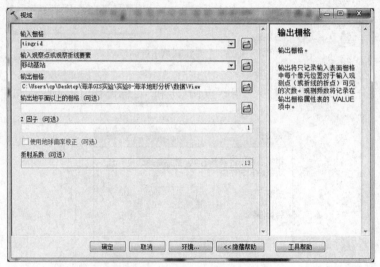

图 10.36 【视域】对话框

③在【视域】对话框中，【输入栅格】选为"tingrid"，【输入观察点或观察折线要素】选为"移动基站"，输出栅格指定相应位置，点击【确定】，生成可视区栅格"ViewShed of 移动基站"，如图 10.37 所示。

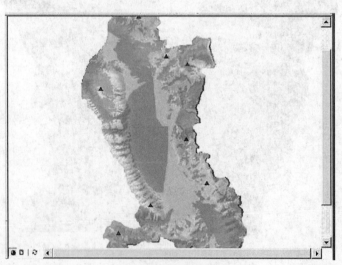

图 10.37 视域栅格

其中，在电脑屏幕上绿色表示现有发射基站信号已覆盖的区域，淡红色表示无法接收到手机信号的区域。

第11章　海洋空间基本建模

11.1　实验目的

通过实验掌握使用 ArcToolbox 工具进行空间建模的基本流程，并使用脚本数据进行建模处理。

11.2　实验要求

在 ArcToolbox 工具上新建工具箱和模型，使用所需要的空间处理工具获取所需要的水系图层。

11.3　实验数据

海洋空间基本建模采用分辨率为 50m 的 DEM 数据，脚本文件为"slope. vbs"。

11.4　软件配置

采用 ArcGIS10.0 以上版本的 ArcToolbox 工具。

空间建模是在 Model Builder 环境下对 ArcGIS 中的空间分析工具进行有序的组合，构建一个完整的应用分析模型，从而完成对空间数据的分析与处理。建模过程是运用 GIS 空间分析建立数学模型，使用 GIS 的地理处理工具，以建模的方法对与地理位置相关的现象、事件进行分析、模拟、预测和表达。

11.5　模型构建与执行

11.5.1　新建模型

①打开 ArcMap，启动 ArcToolbox。

②右键点击 ArcToolbox，选择【添加工具箱】，命名为"toolbox1"。

③右键点击"toolbox1"，选择【新建】→【模型】，模型命名为"model"，如图 11.1 所示。

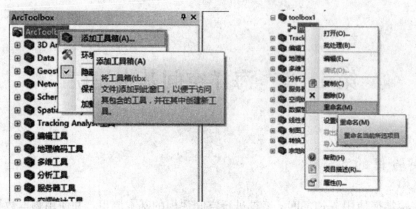

图 11.1　新建模型

　　④右键点击"模型生成器"，选择【创建变量】，在变量列表中选择数据类型为"栅格图层"，如图 11.2 所示。

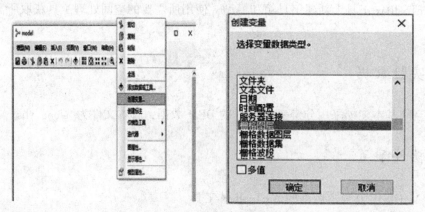

图 11.2　创建变量

11.5.2　添加空间处理工具

　　在 ArcToolbox 中按顺序分别添加【Spatial Analyst】→【水文分析】工具集下的【填洼】、【流向】、【流量】工具；【逻辑运算】工具集下的【大于】工具；【转换工具】→【由栅格转出】工具集下的【栅格转为折线】工具，如图 11.3 所示。

11.5.3　工具连接与参数设置

　　将相应图形按照数据流的先后顺序，采用工具连接成要素。同时，设置【栅格图层】、【输出折线要素】和【输入栅格或常数】为参数模型，如图 11.4 所示。

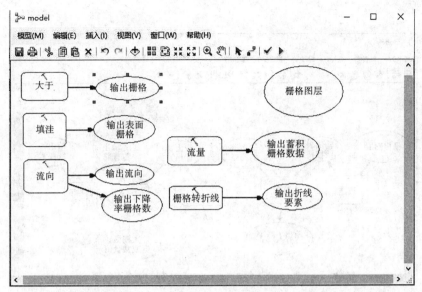

图 11.3　添加工具

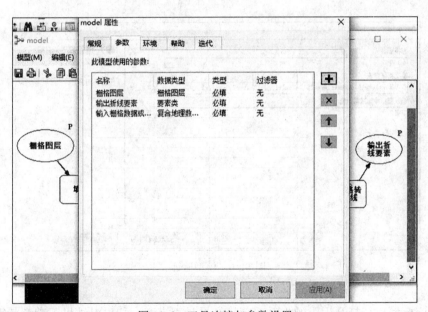

图 11.4　工具连接与参数设置

模型结果如图 11.5 所示。

11.5.4　验证模型

以分辨率为 50m 的 DEM 为输入数据。双击"model"模型，完成对话框输入，设置【输入数据】、【输出路径】和【值】的大小，点击【确定】。将所得的结果进行分析和对比，如图 11.6 所示。

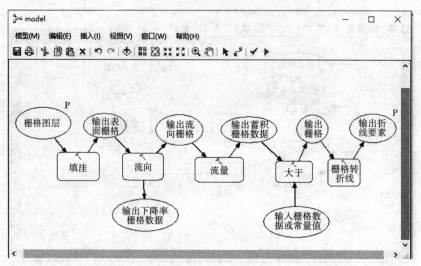

图 11.5　模型结果图

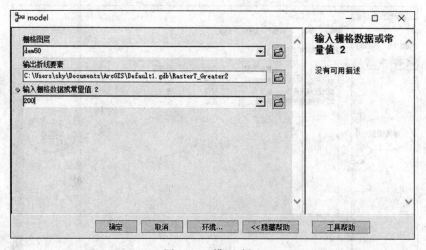

图 11.6　模型验证

　　运行该模型后，打开生成的水系，分析结果是否满意，如果对结果不满意就需要对模型进行调整。分别取汇流累计为 200 和 1000 的水系进行对比，如图 11.7 和图 11.8 所示。

11.5.5　运行和使用模型

　　双击模型图标，在对话框中设置所要提取水系的 DEM、结果保存的路径和水系阈值的大小，并通过该阈值的大小变化来实现不同级别水系的提取。在 ArcMap 中键入输出数据，查看运行结果。可以通过修改模型，来获得满意的结果。

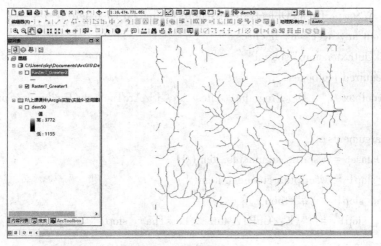

图 11.7 汇流累计 200

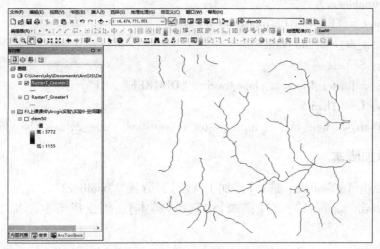

图 11.8 汇流累计 1000

11.6 单数据处理

所谓单数据处理，是指处理过程中只涉及单个数据集的处理，数据可以是栅格数据集、ArcView 的 Shapefile 数据，也可以是 ArcInfo 的 Coverage 数据等。在土地利用中，坡度是很重要的信息，特别是对一些坡度的分类具有很重要的意义，本节以从 DEM 中自动提取坡度大于 15 度的栅格为例，练习单数据的脚本处理。

11.6.1 编写脚本

新建一个文本文档，重新命名为"slope. vbs"，文本内容如下：

' Create the Geoprocessor object

set gp = WScript. CreateObject("esriGeoprocessing. GPDispatch. 1")

' Check out any necessary licenses

gp. CheckOutExtension "spatial"

' Load required toolboxes. . .

gp. AddToolbox "D:/Program Files/ArcGIS/ArcToolbox/Toolboxes/Spatial Analyst Tools. tbx"

' Script arguments. . .

Raster_Dataset = wscript. arguments. item(0)

LessTha_slop1 = wscript. arguments. item(1)

if LessTha_slop1 = "#" then

LessTha _ slop1 = " E:/ChP12/tutor2/LessTha _ slop1 " ' provide a default value if unspecified

end if

' Local variables. . .

slope_raster = "E:/ChP12/tutor2/slope-raster"

Input_raster_or_constant_value_2 = "15"

' Process：Slope. . .

gp. Slope_sa Raster_Dataset, slope_raster, "DEGREE", "1"

' Process：Less Than. . .

gp. LessThan_sa slope_raster, Input_raster_or_constant_value_2, LessTha_slop1

11. 6. 2　添加脚本

①右键点击 ArcToolbox，选择【添加工具箱】，命名为"toolbox2"。

②右键点击"toolbox2"，在【添加】中选择【脚本】，则生成脚本，其过程如图 11.9 所示。

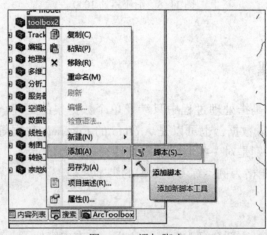

图 11.9　添加脚本

11.6.3 设置脚本属性

①在脚本【设置】界面中，输入名字、标签、描述、风格后点击【下一步】。

②浏览所要选择运行的脚本，点击【下一步】。

③设置属性，在提取坡度大于15度的栅格中需要一个栅格文件输入，一个栅格文件输出。设置完属性后，可以双击脚本图标，在脚本对话框中指定输入文件和输出文件，即可运行该脚本。

④点击【确认】完成。

11.6.4 结果执行

DEM 数据存储框中设置好路径后，点击【确定】，会出现结果运行状态栏，显示脚本是否被成功执行，运行结果如图 11.10 所示，其中白色为坡度大于 15 度的区域，黑色为坡度小于 15 度的区域。

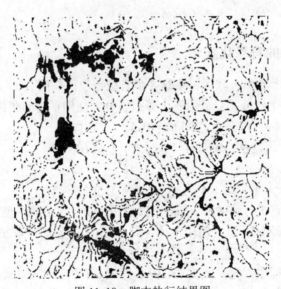

图 11.10 脚本执行结果图

第 12 章　海洋地图制图

12.1　实验目的

通过实验掌握使用 ArcMap 软件制作专题图的过程，包括数据符号化、添加标注、绘制网格、添加整饰要素等。

12.2　实验要求

12.2.1　实验数据的符号化显示

①地图中共有 8 个省级行政区：将这 8 个省级行政区按照 ID 字段用分类色彩表示。
②将海岛按 area 字段分类：分为四个等级，分别使用不同的颜色表示。
③海岸线符号 Color：浅蓝色，Width：0.5。
④航海线 Color：深蓝色，Width：1，样式：Dashed6：1。

12.2.2　注记标注

①对地图中 8 个省级行政区的 Name 字段使用自动标注，统一使用 Country2 样式。
②手动标注黄河(双线河)，使用宋体，斜体，16 号字，字体方向为纵向，使用曲线注记放置。
③港口使用自动标注，统一使用 Country3 样式。
④道路中，对道路的 Class 字段为 GL03 的道路进行标注，字体使用宋体，大小为 10。
⑤区县政府使用自动标注，字体使用宋体，大小为 10。
⑥市政府使用自动标注，字体使用楷体，大小为 14，并将注记放置在符号的上部。

12.2.3　绘制网格

使用索引参考格网，使用默认设置。

12.2.4　添加图幅整饰要素

①添加图例，包括所有字段。
②添加指北针，选择 ESRI North3 样式。
③添加比例尺，选择 Alternating Scale Bar1 样式。

12.2.5　海图地形渲染

①可以直观地显示地形，捕捉到地势的起伏。

②更贴切的色彩渲染。

12.3　实验数据

海图制作采用渤海湾地理数据库"bhw. mdb"下的点要素集"BHWPoint"（港口、火车站、飞机场、医院）、线要素集"BHWLine"（航海线、河流线、海岸线、海岛线、海面线）以及面要素集"BHWPolygon"（海面、海岛、河流、绿地、水库坑塘、行政区）等数据。

12.4　软件配置

采用 ArcGIS10.0 以上版本的 ArcMap 软件，在 ArcMap 中通过对加载的地图图层进行符号化、标注、整饰等操作制作所需的海洋专题图。

海图制图中符号化决定了地图将传递怎样的内容，矢量数据中，无论是点状、线状还是面状要素，都可以依据要素的属性特征采取不同的符号化方法来实现数据的表达；地图注记是一幅完整地图的有机组成部分，用来说明图形符号无法表达的定量或定性特征，如道路名称、城镇名称等。坐标格网是地图重要的组成部分，它反映了地图的坐标系统或者地图投影信息。一幅完整的地图除了上述要素以外，还需要包含与地理数据相关的一系列辅助要素，如图名、图例、比例尺、指北针等。

12.5　海图制图操作

12.5.1　数据符号化

①打开 ArcMap，添加实验所需的矢量数据。

②根据排序规则对图层进行排序。

③右键点击"省行政区界面"图层，选择【属性】，打开【图层属性】对话框，切换到【符号系统】选项卡，如图 12.1 所示。

在【值字段】中选择"Name"字段，点击【添加所有值】按钮，将 8 个省级行政区的名称都添加进来。在【色带】下拉表中选择一个合适的配色方案，点击【确定】按钮，完成符号化设置。

④右键点击"海岛"图层，选择【属性】，在【图层属性】对话框中选择【数量】下的【分级色彩】，【值】为"SHAPE_Area"字段，并设置分类数及色带等选项，如图 12.2 所示。

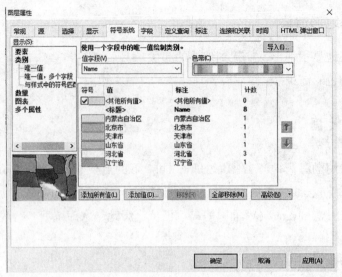

图 12.1　符号系统设置

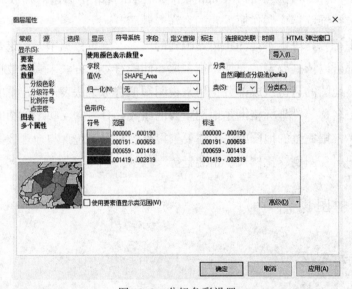

图 12.2　分级色彩设置

⑤在"海岸线"图层的【符号】上点击左键，打开【符号选择器】对话框，将海岸线符号改为与要求一致的形式：Color：浅蓝色；Width：0.5，如图 12.3 所示。航海线符号的修改操作相同。

12.5.2　地图标注

①右键点击"省级行政区"图层，选择【属性】命令，打开【图层属性】对话框，选择【标注】选项卡，如图 12.4 所示。

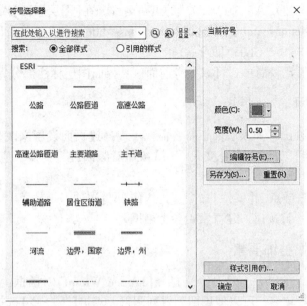

图 12.3　符号选择器

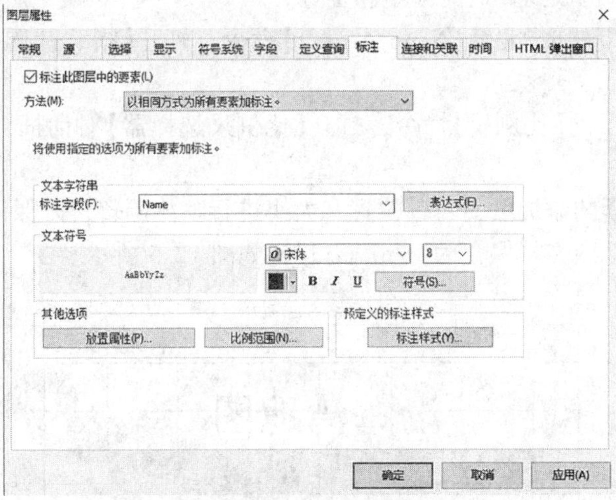

图 12.4　地图标注

选中【标注此图层中的要素】复选框，在【标注】下拉列表框中选择"Name"字段。点击
【标注样式】按钮，打开【标注样式选择器】对话框，选择"国家 2"样式，点击【确认】后返
回，点击【确定】按钮应用该设置。

②手动标注双线河。点击主菜单【视图】下的【工具栏】，选中【绘图】，窗口出现【绘
图】工具条。点击 **A ▾**（注记工具）中的 **ℭ**（曲线注记）设置按钮，沿着黄河画一条弧线，
双击结束操作。在文本框中输入"黄河"，可以在字与字之间使用一定的空格作为间隔。
设置字体、字号、斜体等属性。点击【更改符号】按钮，打开【符号选择器】对话框，选中
"CJK character orientation"。点击【确定】完成标注设置。

③由于只需要标注 CLASS 为"GL03"的道路名称，在【图层属性】对话框的【标注方法】下选择"Define classes of features and label each class differently"，单击【SQL Query】按钮输入条件表达式" CLASS " = " GL03 "即可。

④其余标注设置比较简单，可以参考前面区县界面图层标注部分完成。

12.5.3　设置格网

①打开【版面】视图，如果版面不符合需要可以通过页面设置来改变图面尺寸和方向，或者通过点击【图层】工具栏上的【变化图层】按钮对版面进行变换，应用已有的模板进行设置。

②在数据组上右键点击【属性】命令，进入【格网】选项卡。

③点击【新建格网】按钮，建立索引参考格网。

12.5.4　添加图幅整饰要素

①点击【插入】下的【Legend】命令，打开【Legend Wizard】对话框，选择需要放在图例中的字段，由于要素较多，可以使用两列排列图例。点击【下一步】选择图例的标题名称、标题字体等，点击【下一步】设置图例框的属性，点击【下一步】改变图例样式，点击【完成】。再将【图例框】拖放到合适的大小和位置。

②点击【插入】下的【指北针(North Arrow)】命令，打开【指北针选择器】对话框，选择符合要求的指北针。

③点击【插入】下的【比例尺】命令，打开【比例尺选择器】对话框，选择符合要求的比例尺。

④完成整饰要素的添加后，对其位置和大小进行整体调整，以保证图面美观简洁。

⑤将设置好的地图文档保存为"bhw. mxd"，如图 12.5 所示。

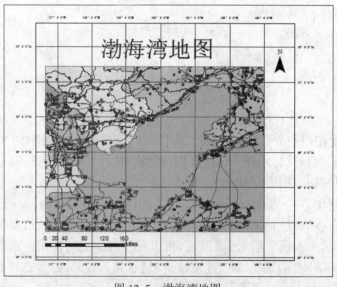

图 12.5　渤海湾地图

12.6 海图地形渲染

DEM 数据是常见的地形数据，在 GIS 常规的海图制图中，DEM 可以起到增强效果的作用。DEM 带有高程值，本节介绍在 ArcMap 中进行二维显示。

以下是一个海岛的 DEM 数据，加载到 ArcMap 中，呈灰白显示。这种原始状态的显示几乎没有任何直观可言，如图 12.6 所示。

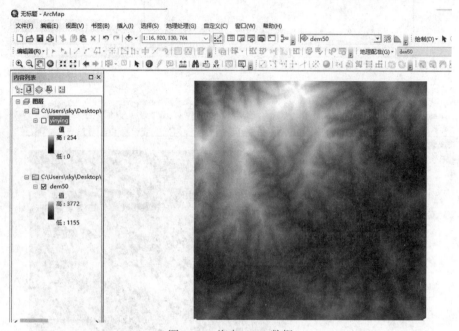

图 12.6 海岛 DEM 数据

达到最终地形渲染的效果，必须要满足以下两点：

①可以直观显示地形，捕捉到地势的起伏。

②更贴切的色彩渲染。

第一个要求可以通过多个侧视的光线汇聚，或者阴影方式来模拟多个维度来实现。这一原理可以被充分利用在各种制图中。例如，可以针对这个 DEM 数据进行【山体阴影】的操作，在 ArcToolbox 中选择【3D Analyst】→【栅格表面】→【山体阴影】工具，如图 12.7 所示。

使用【山体阴影】工具处理后的 DEM 效果如图 12.8 所示。

经过操作后可以非常明显地展示地形的起伏，这种模拟，就像太阳在某一侧照射，在另一侧产生了阴影，使得山脊非常明显。处理后的数据更加直观，比之前的 DEM 辨别起来要容易得多。接下来，对地形进行色彩渲染。

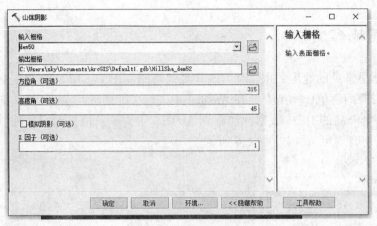

图 12.7　山体阴影操作图

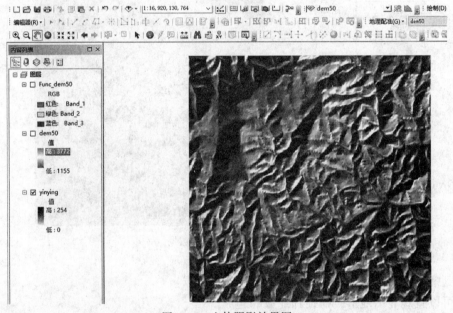

图 12.8　山体阴影效果图

　　原始数据和生成的数据各有优势。原始 DEM 对着色有着非常连贯的效果，色彩过渡非常好；山体阴影数据对起伏非常敏感，高差显示明显。只要将这两个数据叠加在一起就可以得到地形的色彩渲染效果。叠加过程如下：将色彩连贯的原始数据放在最上层，高低起伏的山体阴影数据放在下层。然后，直接针对上层的 DEM 做一个透明效果。右键点击图层，选择【属性】，在【图层属性】对话框的【显示】选项卡中将透明度设置为"35%"，如图 12.9 所示。

　　然后，对原始数据使用色彩渲染，选择较为合适的配色方案，最终的地形渲染效果如图 12.10 所示。

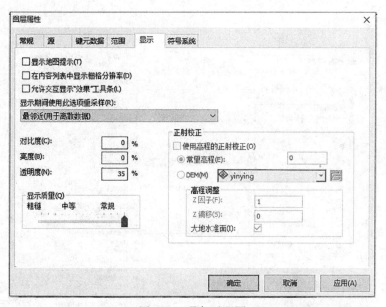

图 12.9　叠加过程图

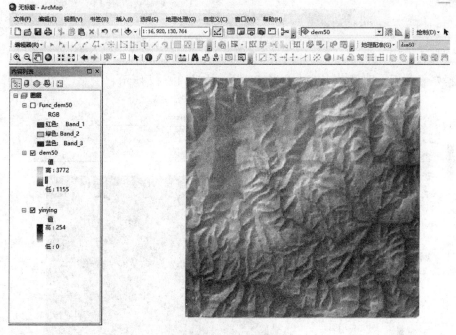

图 12.10　叠加效果图

接下来介绍地形渲染的非传统做法，就是使用 ArcGIS10.0 及以上版本带的影像函数功能。几乎可以在不生成任何的数据前提下快速地实现地形渲染。在菜单栏中选择【窗口】→【影像分析】选项卡，点击影像面板中的影像函数图标，弹出影像函数设置界面。

在【函数模板编辑器】中，选中数据，点击右键，插入【晕渲地貌函数】，如图 12.11

所示。

图 12.11　函数设置界面

设置好函数后，即可迅速生成地形渲染图，如图 12.12 所示。

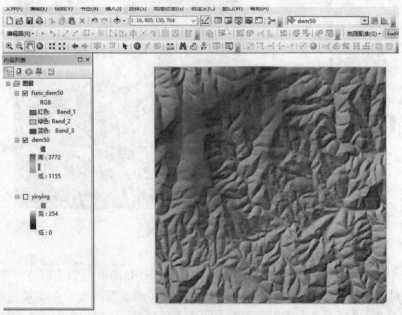

图 12.12　地图渲染效果图

第13章　基于 ArcScene 的海洋三维可视化

13.1　实验目的

通过实验掌握如何使用高程数据生成 TIN 和使用 ArcScene 进行海洋地形三维可视化的基本操作。

13.2　实验要求

使用给定的高程数据在 ArcMap 中经过数据转换生成 TIN，并在 ArcScene 中进行属性设置，将海洋地形进行三维显示，使用飞行工具进行动画制作。

13.3　实验数据

ArcScene 海洋三维可视化使用用于生成 TIN 的高程数据文件"高程数据 . csv"、底图影像等数据。

13.4　软件配置

采用 ArcGIS10.0 以上版本的 ArcScene 软件进行地形三维可视化和三维动画的制作。

ArcScene 应用程序是 ArcGIS 三维分析的核心扩展模块，通过在开始菜单中选择 ArcGIS 下的 ArcScene 启动，具有管理 3D GIS 数据、进行 3D 分析、编辑 3D 要素、创建 3D 图层，以及把二维数据生成 3D 要素等功能。

13.5　TIN 生成操作

13.5.1　数据转换

①在 ArcMap 中添加"高程 . csv"表格数据，右键点击表格数据，选择【数据】→【导出】，打开【导出数据】对话框，如图 13.1 所示。

②在【导出数据】对话框中选择导出位置，如图 13.2 所示。

③重命名并修改保存类型为 dBASE 表，如图 13.3 所示。

图 13.1 数据导出

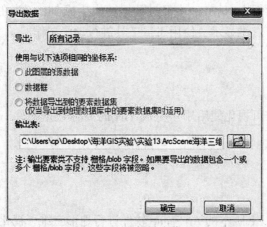

图 13.2 选择导出位置

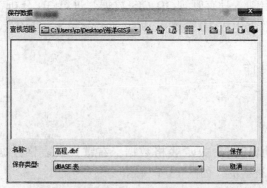

图 13.3 保存 dBASE

④点击【保存】，并添加新表到当前地图。

13.5.2 显示高程点

①在 ArcMap 中右键点击新添加进来的图层，在下拉菜单中选择【显示 XY 数据】，如图 13.4 所示。在【显示 XY 数据】对话框中的"X 字段（X）"选择"经度_E_"，"Y 字段（Y）"选择"纬度_N_"，"Z 字段（Z）"选择"高程_米_"，如图 13.5 所示。

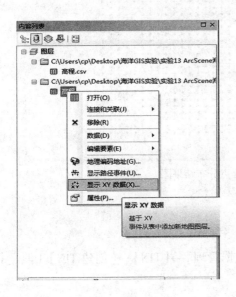

图 13.4 显示 XY 数据

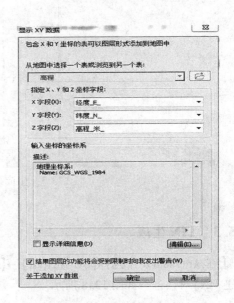

图 13.5 字段设置

②在【编辑】中选择坐标系，如图 13.6 所示。

图 13.6 选择坐标系

137

③点击【确定】，生成高程点分布结果图，如图 13.7 所示。

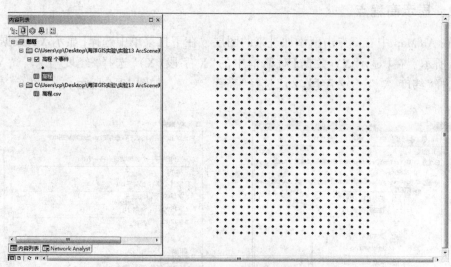

图 13.7　生成高程点分布结果图

13.5.3　TIN 生成

①在 ArcToolbox 中选择【3D Analyst】→【数据管理】→【TIN】→【创建 TIN】工具，打开【创建 TIN】对话框，如图 13.8 所示。

图 13.8　【创建 TIN】对话框

②选择输出位置，并命名为"Tin"，如图 13.9 所示，在【输入要素类】中选择"高程 事件"，【高程字段】选择"高程_米_"，点击【确定】，如图 13.10 所示，生成"Tin"结果图，如图 13.11 所示。

图 13.9 输出 TIN 位置

图 13.10 属性设置

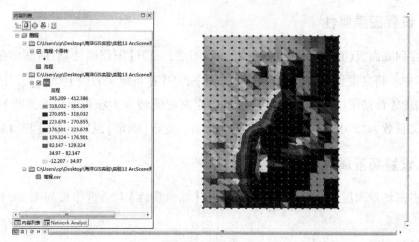

图 13.11 生成 TIN

13.6　数据三维显示操作

13.6.1　数据添加

打开 ArcScene，执行命令【自定义】→【扩展模块】，选中【3D Analyst】扩展模块，在 ArcScene 中点击 ❖（添加数据）按钮，将"TIN"与"底图"添加到当前场景中，如图 13.12 所示。

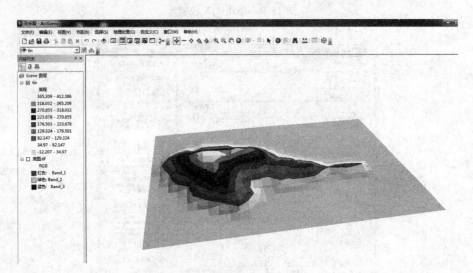

图 13.12　数据添加

13.6.2　设置图层属性

在内容列表面板（TOC）中右键点击"底图"图层，打开【图层属性】对话框，在【基本高度】选项卡中，将高度设置为【从表面获取高程】下的【在自定义表面上浮动】，并选择当前场景中的 DEM 数据图层"TIN"。在【用于将图层高程值转换为场景单位的系数】中设定高程的自定义系数为"2.0000"，高程将被扩大 2 倍。点击【确定】退出，如图 13.13 所示。

13.6.3　设置场景属性

右键点击场景图层，选择【场景属性】，在【场景属性】对话框中按如图 13.14 所示进行设置。

生成结果如图 13.15 所示。

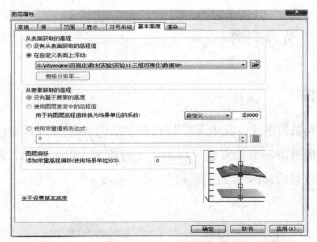

图 13.13　图层属性设置

图 13.14　设置场景属性

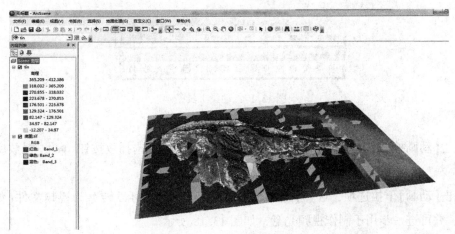

图 13.15　生成结果图

13.7　三维飞行动画制作

13.7.1　工具条按钮

图 13.16 为工具条的图片，其中◯(飞行)按钮有两种状态，◯表示停止飞行，◯表示正在飞行状态，通过点击鼠标左键可以加快飞行速度，点击鼠标右键可以减慢飞行速度，直至停止，通过移动鼠标可以调整飞行方位、高度。

图 13.16　工具条

ArcScene 中的三维场景可以导出为二维图片或三维 VRML 文件，VRML 文件可以用 GLView 进行浏览或查看，普通的互联网浏览器也可以通过安装插件的方式进行浏览，因此导出为 VRML 的三维场景可以发布到因特网上。

13.7.2　动画制作

点击【动画】工具栏中的【动画控制】按钮，打开【动画控制】工具栏，点击【动画控制】中的【录制】按钮。

在【工具】中选择【飞行】工具，如图 13.17 所示。然后在地图显示区中沿任意路线进行飞行(时间建议不要超过 30s)，点击鼠标右键直至停止飞行。

图 13.17　动画工具条

点击【动画控制】工具中的停止按钮 ■ ，停止录像，点击播放按钮 ▶ ，播放所录的动画。

点击【动画】下拉选项，选择【导出动画】，记录的动画可以转存为视频文件(如 AVI 文件)，并可进一步用于制作视频光盘，如图 13.18 所示。

图 13.18　动画结果

第 14 章　基于 ArcGlobe 的海洋三维可视化

14.1　实验目的

通过实验掌握 ArcGlobe 软件的使用和三维可视化的操作，熟悉 ArcGlobe 三维动画的制作过程。

14.2　实验要求

使用 ArcGlobe 软件对"胶州湾影像数据"和"胶州湾高程数据"进行三维显示，并对溢油范围图层进行动画制作和展示。

14.3　实验数据

ArcGlobe 海洋三维可视化采用溢油级别数据"yiyou. mdb"、胶州湾影像数据和胶州湾高程数据。

14.4　软件配置

采用 ArcGIS10.0 以上版本的 ArcGlobe 软件，启动 ArcGlobe 后，内容列表分为浮动图层、叠加图层和高程图层，使用 ArcGlobe 可以对影像数据、地形数据以及 3D 模型数据进行显示。

14.5　海洋数据可视化操作

14.5.1　数据添加操作

（1）添加浮动数据

启动 ArcGlobe 软件，在内容列表中右键点击 Globe 图层，选择【添加数据】目录下的【添加浮动数据】，将"胶州湾影像 . tif"数据添加到 ArcGlobe 中，如图 14.1 所示。

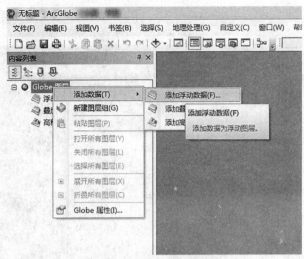

图 14.1　添加浮动数据

右键点击"胶州湾影像 . tif"，选择【缩放至图层】，影像数据会显示在 ArcGlobe 中，如图 14.2 所示。

图 14.2　添加影像数据

（2）添加高程数据

在内容列表中右键点击 Globe 图层，选择【添加数据】目录下的【添加高程数据】，将"胶州湾高程 . tif"数据添加到 ArcGlobe 中，如图 14.3 所示。

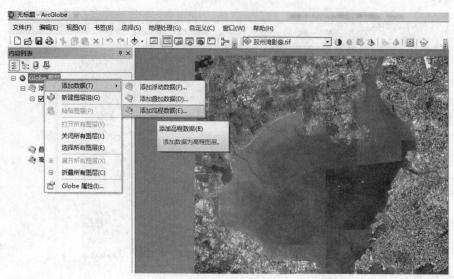

图 14.3　添加高程数据

(3) 添加叠加数据

在内容列表中右键点击 Globe 图层, 选择【添加数据】目录下的【添加叠加数据】, 将 "yiyou. mdb"数据添加到 ArcGlobe 中, 如图 14.4 所示。

图 14.4　添加叠加数据

右键点击添加的矢量图层, 选择【缩放至图层】, 叠加数据显示在 ArcGlobe 中, 如图 14.5 所示。

图 14.5　添加矢量数据

14.5.2　设置图层属性

在内容列表中右键点击"胶州湾影像.tif"图层,打开【图层属性】对话框,在【高程】选项页中,选择【从表面获取高程】下的【在自定义表面上浮动】并选择"胶州湾高程.tif"。点击【确定】退出,如图 14.6 所示。出现的影像结果如图 14.7 所示。

图 14.6　图层属性设置

图 14.7　三维显示

14.6　三维动画制作与展示

①选择菜单栏中的【自定义】→【工具条】→【动画】工具，打开【动画编辑】的工具条，点击【动画】下拉列表，选择【动画管理器】，设置关键帧，如图 14.8 所示。

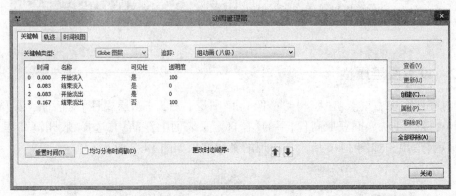

图 14.8　设置关键帧

②点击【轨迹】，将需要以动画显示的图层添加进来，如图 14.9 所示。

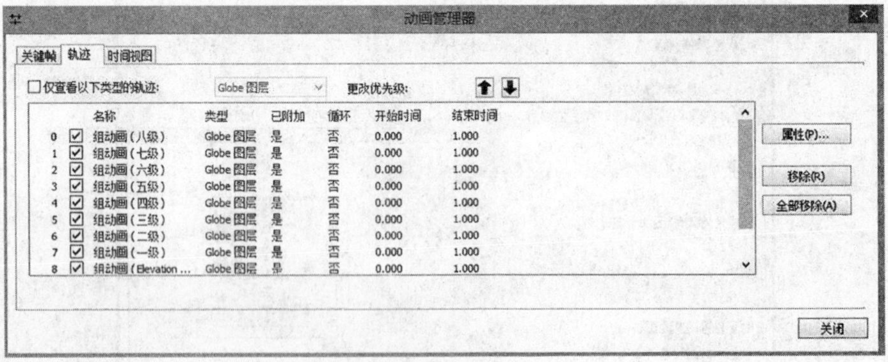

图 14.9　添加图层

③点击【时间视图】，设置如图 14.10 所示。

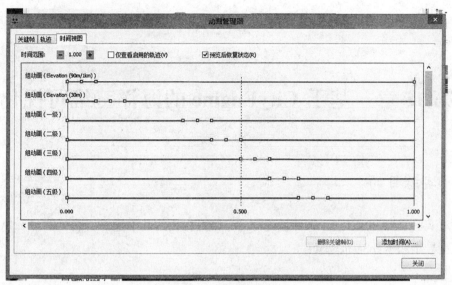

图 14.10 设置时间视图

④点击 回 按钮，打开【动画控制器】面板，设置如图 14.11 所示。

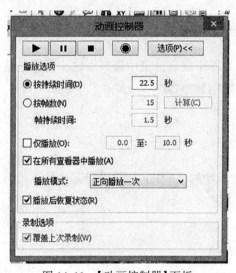

图 14.11 【动画控制器】面板

⑤进行预览之后，点击【动画】，选择【导出动画】即可。

第 15 章　基于 CityEngine 的海洋三维可视化

15.1　实验目的

通过实验掌握 CityEngine 软件进行海洋三维可视化的基本操作，熟练编写 CGA 规则，进行模型导出和 WebScene 发布。

15.2　实验要求

利用 CityEngine 软件进行海洋三维建模，通过编写 CGA 规则实现大范围批量建模。

15.3　实验数据

实验所选取的地区为青岛市黄岛区灵山岛风景区，数据包括灵山岛地区影像数据和矢量数据以及建筑物的纹理贴图数据等。

15.4　软件配置

采用 ArcGIS10.0 以上版本的 ArcMap 软件进行基础数据处理，使用 CityEngine2014 以上版本的软件进行海洋三维建模。

15.5　等高线创建 TIN

启动 ArcMap 软件，加载灵山岛地区矢量数据中的等高线数据"denggaoxian"，如图 15.1 所示。

打开 ArcToolbox 工具箱，选择【3DAnalyst】→【数据管理】→【TIN】→【创建 TIN】工具，打开【创建 TIN】对话框，如图 15.2 所示。

在【创建 TIN 对话框】中，【输入要素类】中选择等高线数据"denggaoxian"，【坐标系】选择 WGS_1984 坐标系，【输出 TIN】中键入"TIN"，点击【确定】，生成结果如图 15.3 所示。

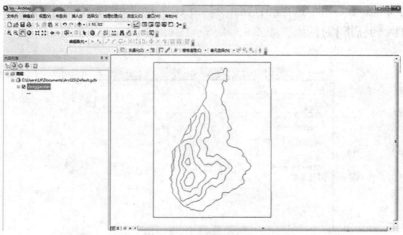

图 15.1 等高线加载

图 15.2 【创建 TIN】对话框

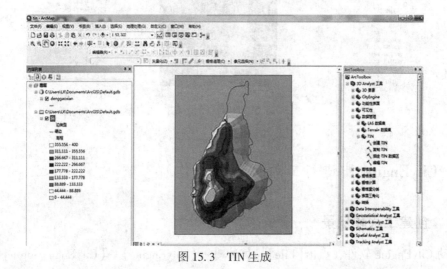

图 15.3 TIN 生成

在 ArcToolbox 工具箱中选择【3DAnalyst】→【转换】→【由 TIN 转出】→【TIN 转栅格】工具，打开【TIN 转栅格】对话框，如图 15.4 所示。

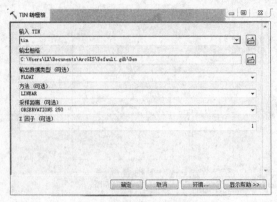

图 15.4 TIN 转栅格对话框

在【TIN 转栅格】对话框中，【输入 TIN】中选择"tin"，在【输出栅格】中选择保存位置，然后点击【确定】按钮，结果如图 15.5 所示。

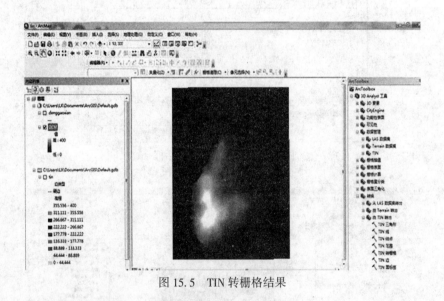

图 15.5 TIN 转栅格结果

15.6 CityEngine 中进行三维可视化操作

15.6.1 创建工程和场景

启动 CityEngine 软件，点击【File】→【New】→【CityEngine】→【CityEngine project】，如图 15.6 所示。

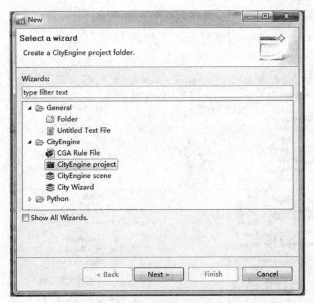

图 15.6　新建工程

在图 15.6 中点击【Next】，在【Project name】后的文本框中命名工程名称为"Lsd-pro"，单击【Browse】选择保存位置，完成工程的创建，如图 15.7 所示。

图 15.7　命名工程及保存

创建的新工程会在导航器(Navigator)窗口中显示(导航器默认在 CityEngine 窗口的左上角)。默认的工程文件夹包含了工程数据文件夹，如"assets"、"rules"、"scenes"文件夹等。

　　在导航器窗口中右键点击"Lsd-pro"工程文件下的"scenes"文件夹，选择【New】→【CityEngine】→【CityEngine Scene】新建场景，如图 15.8 所示。

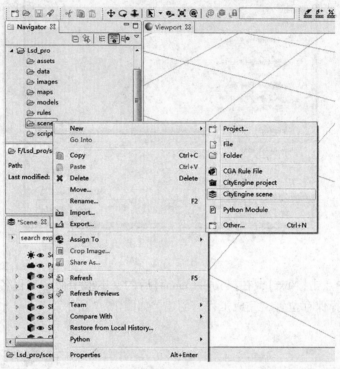

图 15.8　新建场景

　　在弹出的对话框中的【File name】后的文本框中命名场景的名字为"LSD. cej"，单击【Browse】选择相应的坐标系统，然后点击【Finish】，如图 15.9 所示。

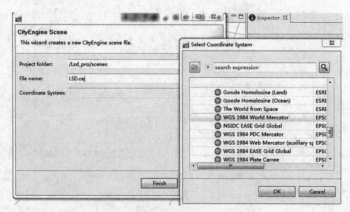

图 15.9　命名场景及保存

在导航器窗口中将纹理贴图数据以及外部模型数据拖动(或复制粘贴)到"assets"文件夹中，同理，将高程数据、影像数据以及矢量数据拖动到"data"文件夹中，将高程数据、影像数据拖动到"maps"文件夹，如图 15.10 所示。

15.6.2 数据加载

在导航器窗口中将"maps"文件夹下的高程数据拖动到【Viewport】窗口中，将自动打开【地形导入】对话框，【Heightmap file】代表高程数据文件，点击下方的【Browse】选择"maps"文件夹下的高程数据；【Texture file】代表纹理图片文件，点击下方的【Browse】选择"maps"文件夹下的影像数据，如图 15.11 所示。

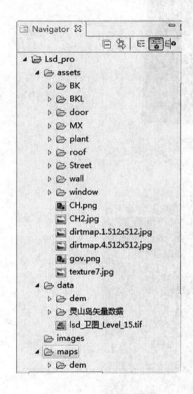

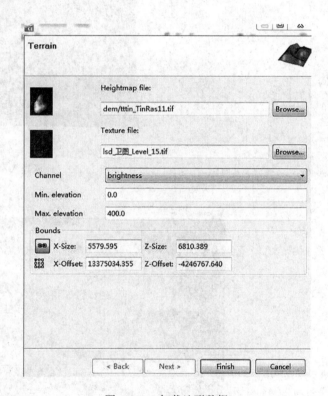

图 15.10　添加基础数据　　　　　　图 15.11　加载地形数据

在图 15.11 中单击【Finish】，完成地形导入，此时在【3D 编辑】窗口中会出现所编辑的地形(从侧面可以看到高程起伏)，如图 15.12 所示。

在打开的 CityEngine 软件中选择【File】→【import】→【Shapefile Import】，点击【Browse】选择灵山岛矢量数据，将矢量数据导入，由于矢量数据没有高程，因此导入【Viewport】窗口后会被高程数据覆盖，旋转场景可以看到矢量数据位于高程数据的底部，如图 15.13 所示。

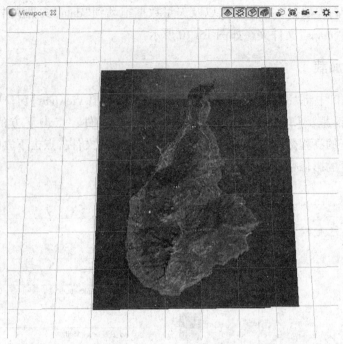

图 15.12　地形导入

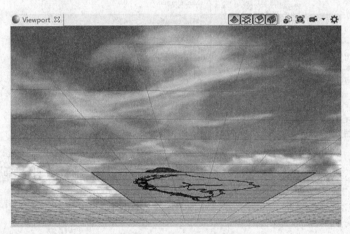

图 15.13　矢量数据导入

为了将矢量数据和高程数据进行贴合需要对数据进行贴地处理和地形整平处理，对于道路数据利用工具栏中的【Align Graph to Terrain】进行贴地处理，对于面数据可以利用工具栏中的【Align Shapes to Terrain】及【Align Terrain to Shapes】进行处理，此外，对于道路数据还要利用工具栏中的【Cleanup Graph】清理重叠的路段，处理后的结果如图 15.14 所示。

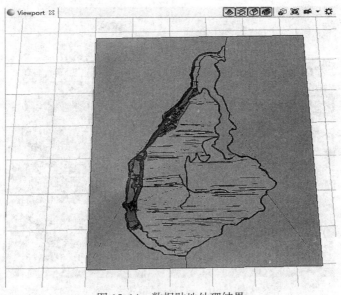

图 15.14　数据贴地处理结果

15.6.3　编写 CGA 规则

在导航器窗口中右键点击"Lsd-pro"工程文件下的"rules"文件夹，选择【New】→【CGA Rule File】新建规则文件，在打开的对话框中命名规则的名字为"village. cga"，然后点击【Finish】，CGA 编辑器会自动打开(窗口左下角)，可以在此处编写规则，编辑完成后保存，然后将规则直接拖动到相应的地块上就会在地块上产生对应的模型。图 15.15 和图 15.16 分别为 CGA 规则部分代码展示以及相应的效果图，可以对【Inspector】面板中的属性进行调节。

图 15.15　village. cga 代码展示

157

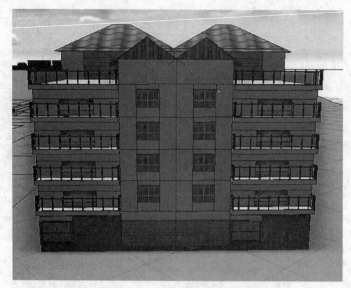

图 15.16　village 模型效果展示

　　同理，对于其他地块也可以编写相应的规则并赋予地块就可以产生相应的模型。选中地块，然后右键选择【Select】→【Select objects in the same Layer】可以选中同一图层的所有地块，将规则赋予这些地块可以实现批量建模。

15.6.4　导入外部模型

　　对于 CityEngine 无法制作的模型，可以将 obj 格式的外部模型拖动到场景中相应的位置，如图 15.17 和图 15.18 为导入模型的效果。

图 15.17　亭子模型

图 15.18　堤坝场景

15.6.5　WebScene 导出

在【Viewport】窗口中选中所有的模型，然后点击【File】→【Export Models】，在弹出的对话框中选择【CityEngine WebScene】，点击【Next】，在对话框中设置相应参数，继续点击【Next】，选中要导出的模型，然后点击【Finish】完成模型的导出。

导出的模型保存在工程文件夹下的"models"文件夹中，找到该 3ws 格式的文件，然后右键选择【Open With】→【3D WebSceneViewer(off line)】可以在浏览器中打开该文件，效果如图 15.19、图 15.20、图 15.21、图 15.22 所示。

图 15.19　WebScene 展示效果

图 15.20　场景俯视图

图 15.21　场景侧视图

图 15.22　场景局部侧视图

第16章 海岸线变化动画制作

16.1 实验目的

通过实验掌握 ArcMap 中时间滑块工具的使用以及 Flash 软件制作动画的过程。

16.2 实验要求

使用包含海岸线的遥感影像制作动画帧图片，在 ArcMap 中使用时间滑块工具以及使用 Flash 软件对海岸线变化进行动画制作。

16.3 实验数据

海岸线动画制作采用体现海岸线随着时间而发生变化的两幅黄海海域的遥感影像数据，LT51200351984128HAJ00_B7.tif（1984 年 12 月）和 LT51200352001302BJC04_B7.tif（2001 年 3 月）。

16.4 软件配置

采用 ArcGIS10.0 以上版本的 ArcMap 软件进行动画帧图片制作，使用 ArcMap 中的时间滑块工具和 Adobe Flash CS6 软件制作动画。时间滑块是一个简单易用的控件，允许按照启用时间数据的各时间步长来显示。Adobe Flash CS6 是用于创建动画和多媒体内容的强大创作平台。

16.5 动画帧图片制作

16.5.1 数据加载

启动 ArcMap 软件，将第一幅海岸线遥感影像图加载到 ArcMap 中，如图 16.1 所示。

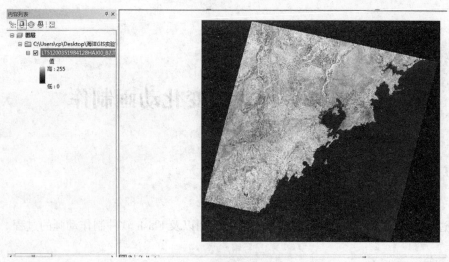

图 16.1　影像加载

16.5.2　创建数据库

①在 ArcCatalog 目录树中，右键点击要建立地理数据库的文件，选择【新建】→【文件地理数据库】，创建文件地理数据库，如图 16.2 所示。

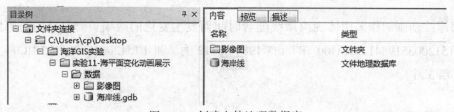

图 16.2　创建文件地理数据库

②在新建的文件地理数据库上右键点击选择【新建】→【要素类】，如图 16.3 所示。

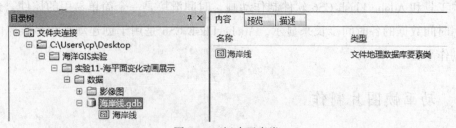

图 16.3　新建要素类

16.5.3　地图编辑

①将新创建的"海岸线"要素类添加到 ArcMap 中，打开编辑器，选择【开始编辑】，对

"海岸线"图层进行编辑操作。

②在【创建要素】对话框下选择"海岸线"，【构造工具】下选择"面"，在影像上沿着海岸线进行矢量化操作，如图 16.4 所示。

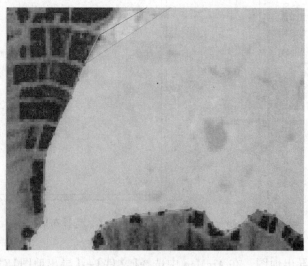

图 16.4　地图编辑

③矢量化后的 shp 数据如图 16.5 所示。

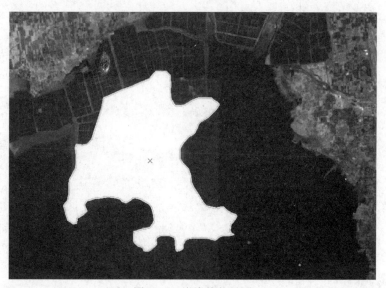

图 16.5　海岸线矢量图

④在地图显示窗口中选择布局视图，更改布局大小(注意两幅图的前后布局大小一致)，如图 16.6 所示。

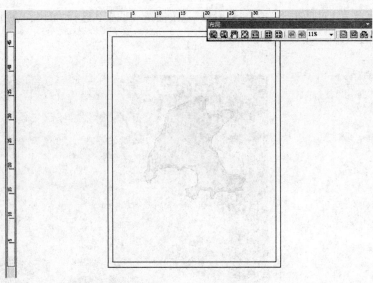

图 16.6　选择布局

⑤导出地图：在 ArcMap 中选择【文件】→【导出地图】对地图进行导出。

⑥导出地图的结果如图 16.7 所示。

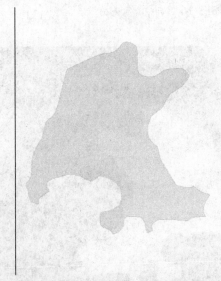

图 16.7　影像 1 矢量结果图

⑦重复以上步骤，对第二幅影像图进行矢量化操作并进行布局导出地图，如图 16.8 所示。

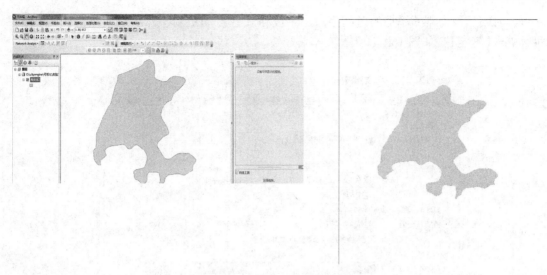

图 16.8 影像 2 矢量结果图

16.6 采用 ArcGIS 工具制作动画

①在对两幅遥感影像数据完成矢量化操作后，此时"海岸线"图层的属性表中有两个面要素，分别是 1984 年和 2003 年的矢量化图层，如图 16.9 所示。

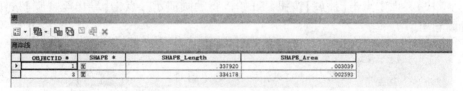

图 16.9 属性表

②在打开的属性表中添加表示时态的字段"时间"，字段类型为日期，根据不同年份进行录入，如图 16.10 所示。

OBJECTID *	SHAPE *	SHAPE_Length	SHAPE_Area	时间
1		.337920	.003039	1984/3/2
3		.334178	.002593	2003/2/3

图 16.10 添加时间字段

③在 ArcMap 内容列表中右键点击"海岸线"图层，选择【属性】，在弹出的对话框中选中【时间】选项卡，勾选【在此图层中启用时间】。在【图层时间】后的下拉列表中选择"每个要素具有单个时间字段"，这里只需要一个时间字段，若为另一个选项，则需两个时间

字段。时间字段为刚才添加的时间字段，字段格式会自动更新，然后直接点击【计算】即可，点击【确定】，如图 16.11 所示。

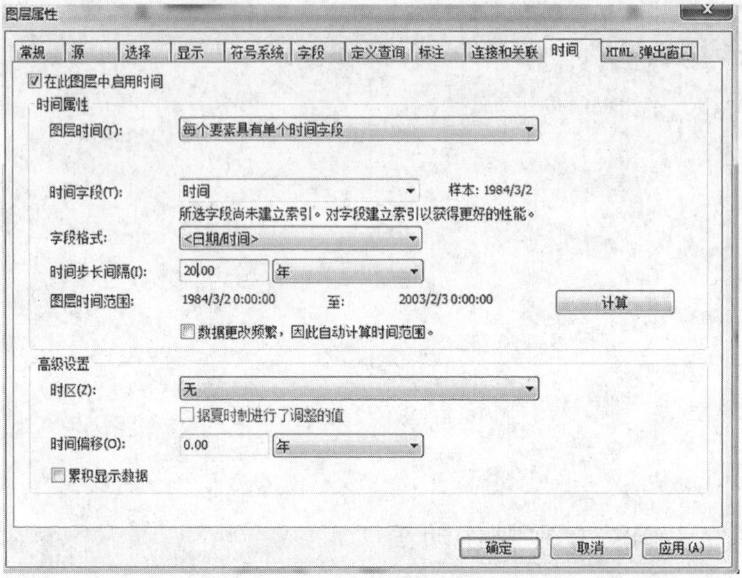

图 16.11　时间设置

④使用【时间滑块】功能：打开基础工具条上的(时间滑块)工具，如图 16.12 所示。在【时间滑块】界面中点击【播放】按钮，开始进行动画演示。点击【导出至视频】按钮，可以将动画导出。

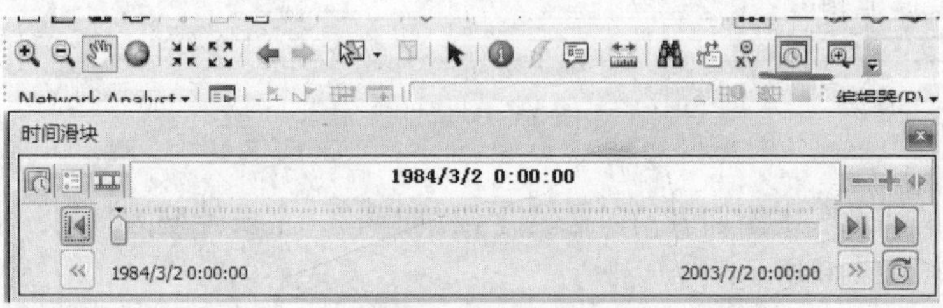

图 16.12　时间滑块

⑤时间滑块的设置：点击【时间滑块】中的(选项)图标，对【时间滑块选项】进行设置，如图 16.13 所示。

在时间滑块选项中：

【时间步长】表示时间轴走动一个单元格的距离，距离越小，则每走一步的距离越快。

【时间窗】表示数据持续的时间，如为显示每个月的数据，设置为 30 天，表示前一月份的数据会持续显示，直到下一月份的到来才消失。若设置为小于 30，例如，设置为 1，则数据一闪就消失了。

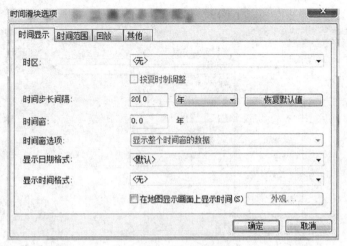

图 16.13　时间滑块选项

【时间范围】可以选择所要制作的动态地图的图层。

设置完毕后，点击播放即可。

16.7　采用 Flash 软件制作动画

①打开 Adobe Flash Professional CS6，拖动以上矢量化后的两张图片到库面板（Ctrl+L/F16 键可以调出）上（默认显示的是第一张），如图 16.14 所示。

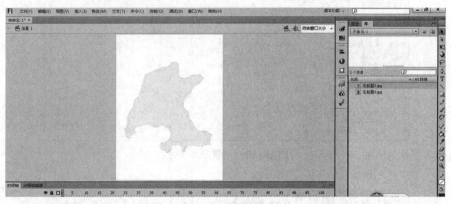

图 16.14　添加图片

②右击图片，选择【位图属性】查看导入图片的大小，通过 Ctrl+J 键调出文档设置窗口，将场景大小调成与图片大小一致，如图 16.15 和图 16.16 所示。

③查看页面底部的时间轴，按 F6 键或 F5 键添加第一帧（默认已经存在），将图片调整到与场景对齐，如图 16.17 所示。

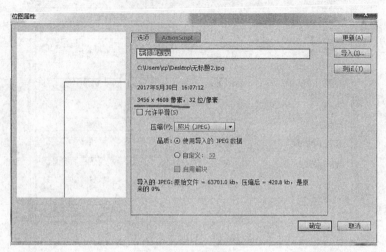

图 16.15   查看场景大小

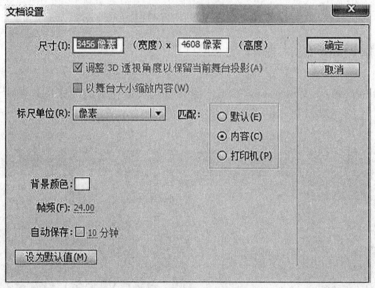

图 16.16   调整图片大小

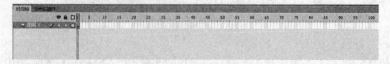

图 16.17   添加时间轴

④在时间轴上距离第一帧指定距离（如第 10 帧）的位置上单击右键，选择【添加空白关键帧】，再从元件库中拖出第二张图片到场景中，设置对齐，如图 16.18 所示。

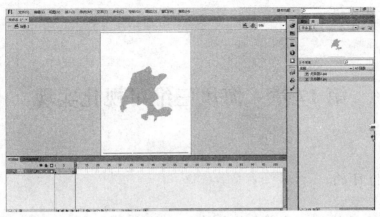

图 16.18　添加图片

⑤重复步骤④，直到第 50 帧(假定每张图片间隔 10 帧)，添加完所有的图片；此时，时间轴上第 10、第 20、第 30、第 40、第 50 上分别都有了一张图片，如图 16.19 所示。

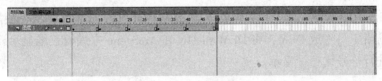

图 16.19　添加帧

⑥按下 Ctrl+Enter 测试结果，如果对结果满意，就选择导出影片，如图 16.20 所示。

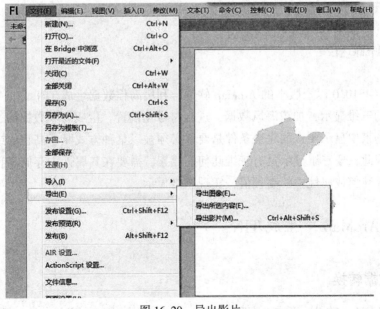

图 16.20　导出影片

第17章 海风三维可视化实现

17.1 实验目的

通过实验掌握 ArcScene 软件的基本使用，以及使用高程数据生成 TIN 的基本流程，通过使用符号化对海风进行三维可视化操作。

17.2 实验要求

将 csv 文件中的高程数据进行数据转换并在 ArcMap 中生成 TIN 图层，使用 ArcToolbox 中的 TIN 转栅格工具生成 DEM，将 DEM 和 TIN 在 ArcScene 中进行三维显示，添加海风数据，对海风进行符号化三维显示。

17.3 实验数据

海风三维可视化采用高程数据文件"高程数据.csv"、"影像数据底图.tif"和"海风"等数据。

17.4 软件配置

采用 ArcGIS10.0 以上版本的 ArcMap 软件，利用高程数据生成 TIN，在 ArcScene 软件中进行 TIN 的三维显示，加载海风数据，进行符号化设置，生成海风数据的三维可视化。

在三维场景中显示要素的先决条件是要素必须被以某种方式赋予高程值或其本身具有高程信息，因此，要三维显示具有三维几何的要素，需要在其属性中存储高程值，可以直接使用其要素几何或属性中的高程值，实现三维显示。

17.5 在 ArcMap 中生成 TIN

17.5.1 数据转换

①打开 ArcMap 软件，添加"高程数据.csv"表格数据，右键点击添加进来的高程数

据，选择【数据】→【导出】，如图 17.1 所示。

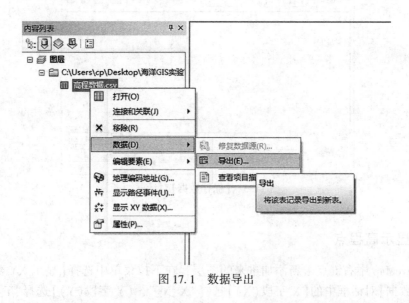

图 17.1 数据导出

②在弹出的【导出数据】对话框中选择导出位置，如图 17.2 所示。

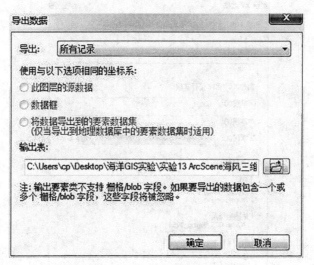

图 17.2 【导出数据】对话框

③在【导出数据】对话框中点击【确定】按钮，在弹出的【保存数据】对话框中对数据重命名并修改保存类型为 dBASE 表，如图 17.3 所示。

④点击【保存】，即可添加新表到当前地图。

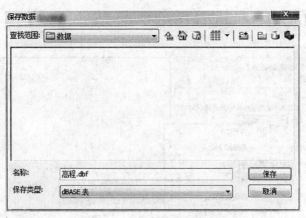

图 17.3　【保存数据】对话框

17.5.2　显示高程点

①在 ArcMap 中右键点击新添加进来的图层，在下拉菜单中选择【显示 XY 数据】，在【显示 XY 数据】对话框中的【X 字段(X)】选择"X_N_"，【Y 字段(Y)】选择"Y_E_"，【Z 字段(Z)】选择"_米_"，如图 17.4 所示。

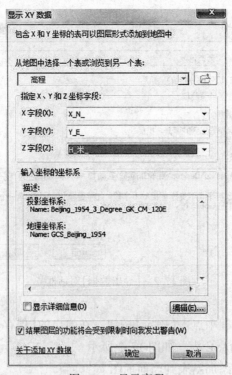

图 17.4　显示高程

②在【显示 XY 数据】对话框中点击【编辑】，选择坐标系，如图 17.5 所示。

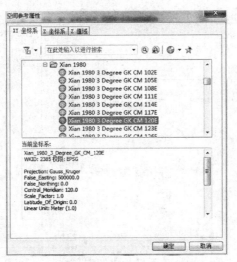

图 17.5 选择坐标系

③点击【确定】，生成高程点分布结果图，如图 17.6 所示。

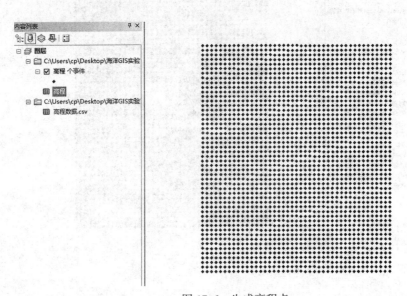

图 17.6 生成高程点

17.5.3 TIN 生成

①在 ArcToolbox 中选择【3D Analyst】→【数据管理】→【TIN】→【创建 TIN】工具，打开【创建 TIN】对话框，如图 17.7 所示。

②在【创建 TIN】对话框中，【输出 TIN】文本框中选择输出位置，并命名为"TIN"，在【输入要素类】中选择"高程个事件"，点击【确定】按钮，生成"TIN"结果图，如图 17.8 所示。

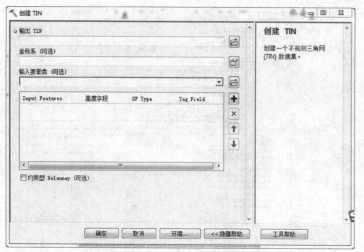

图 17.7　【创建 TIN】对话框

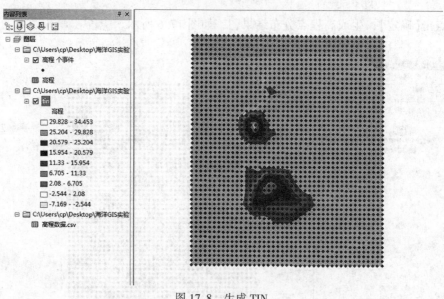

图 17.8　生成 TIN

17.6　ArcScene 中三维可视化

17.6.1　添加数据

①打开 ArcScene 软件。在 ArcScene 中执行命令【自定义】→【扩展模块】，选中【3D Analyst】扩展模块，在 ArcScene 中点击✚（添加数据）按钮，将生成的"TIN"数据、"底图. tif"数据添加到当前场景中，如图 17.9 所示。

图 17.9 数据添加

②右键点击图层列表中的【Scene 图层】，选择【场景属性】，按照图 17.10 所示进行设置并点击【确定】按钮。

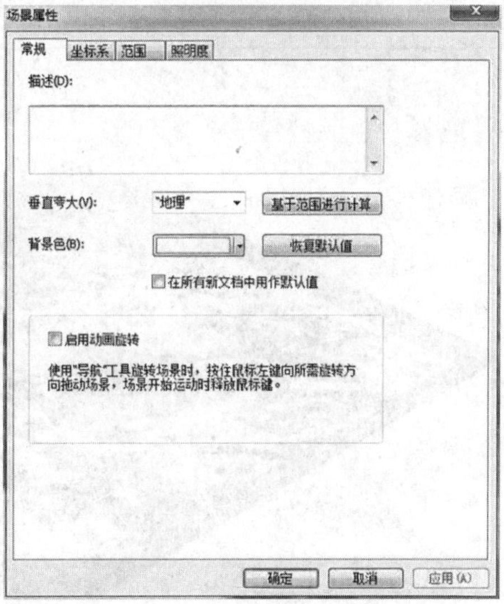

图 17.10 场景属性设置

③右键单击图层列表中的"TIN"图层，选择【属性】，打开【图层属性】对话框，在弹出的对话框中选择【基本高度】选项卡，选中【在自定义表面上浮动】并选择"TIN"图层，如图 17.11 所示。

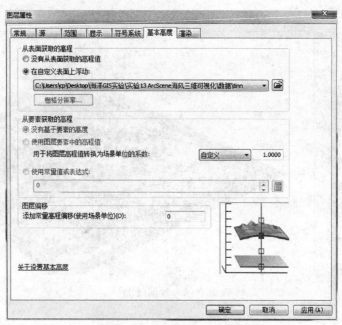

图 17.11　图层基本高度设置

点击【确定】按钮，完成后的效果如图 17.12 所示。

图 17.12　生成结果图

④将 tif 影像作为纹理贴在地形表面。在内容列表中右键单击"底图"图层，选择【属性】，打开【图层属性】对话框，在弹出的对话框中选择【基本高度】选项卡，选中【在自定义表面上浮动】并选择生成的"tin"文件，在【用于将图层高程值转换为场景单位的系数】后的下拉列表中选择【自定义】，如图 17.13 所示。

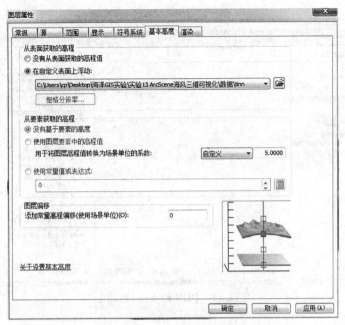

图 17.13　图层基本高度设置

点击【确定】按钮，生成的结果如图 17.14 所示。

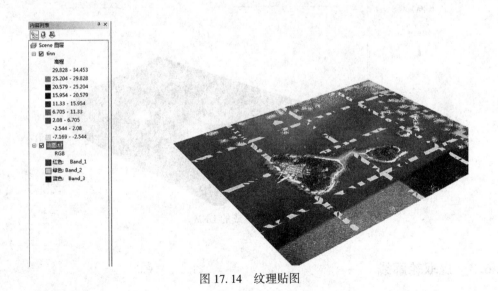

图 17.14　纹理贴图

17.6.2　生成 DEM

在 ArcToolbox 中选择【3D Analyst】→【转换】→【由 TIN 转出】→【TIN 转栅格】工具，打开【TIN 转栅格】对话框，如图 17.15 所示。

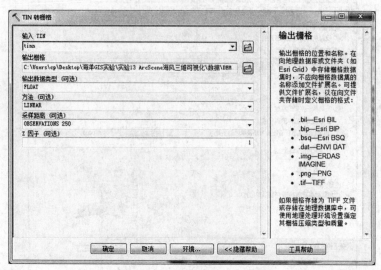

图 17.15　【TIN 转栅格】对话框

在【TIN 转栅格】对话框中进行参数设置，然后点击【确定】按钮，生成的结果如图 17.16 所示。

图 17.16　生成的 DEM

17.6.3　提取轮廓线

在 ArcToolbox 中选择【3D Analyst】→【转换】→【由栅格转出】→【栅格范围】工具，打开【栅格范围】对话框，在【输入栅格】下的文本框中键入栅格名称，在【输出要素类】下的文本框中选择保存位置，如图 17.17 所示。

点击【确定】，完成对 DEM 数据轮廓线的提取，结果如图 17.18 所示。

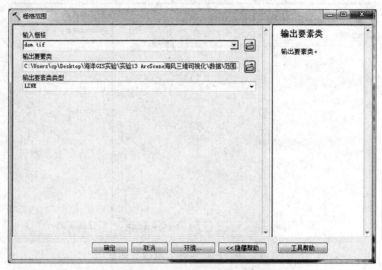

图 17.17　【栅格范围】对话框

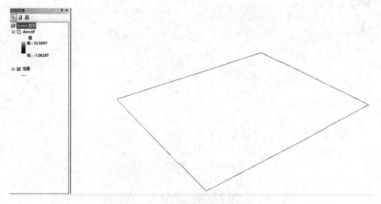

图 17.18　提取轮廓线

17.6.4　线在节点处打断

在 ArcToolbox 中选择【数据管理工具】→【要素】→【在折点处分割线】工具，打开【在折点处分割线】对话框，在【输入要素】下的文本框中键入名称，在【输出要素类】下的文本框选择保存位置，如图 17.19 所示。

点击【确定】，生成的结果如图 17.20 所示。

17.6.5　字段计算

在内容列表中右键点击【分割】图层，选择【属性】，打开该图层的属性表，如图 17.21 所示。

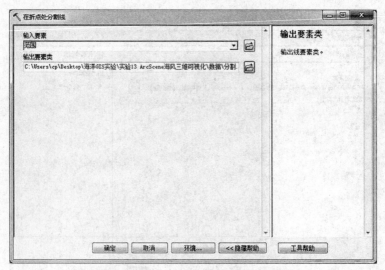

图 17.19　在折点处分割线对话框

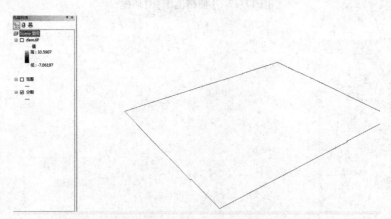

图 17.20　分割线

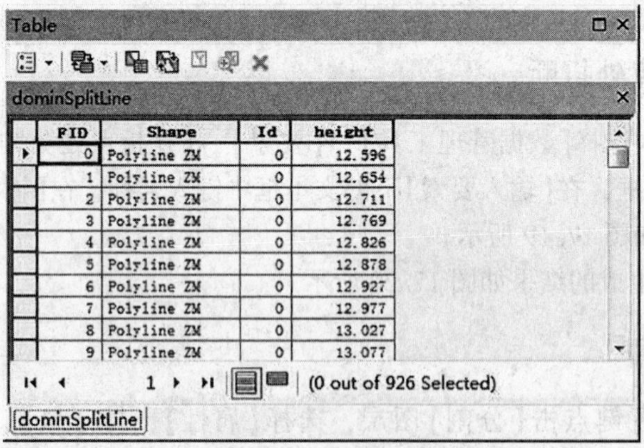

图 17.21　属性表

选中属性表的"height"一列，单击右键，选择【字段计算器】，在弹出的对话框中将 height 字段值加 10(height+10)，如图 17.22 所示。

图 17.22 字段计算器

在【字段计算器】对话框中点击【确定】完成字段计算操作。

在内容列表中右键点击"分割"图层，选择【属性】，在弹出的对话框中选择【拉伸】选项卡，选中【拉伸图层中的要素】，并设置拉伸表达式为：[height] * 5，如图 17.23 所示。

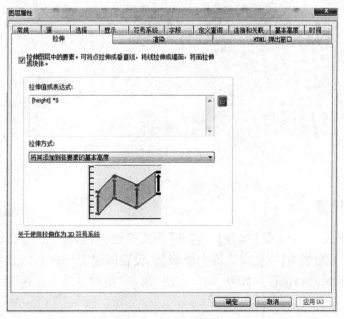

图 17.23 拉伸操作

点击【确定】，生成结果如图 17.24 所示。

图 17.24　拉伸结果图

17.7　基于 ArcScene 海风三维可视化

17.7.1　符号化设置

将"海风"数据导入 ArcScence 中，右键点击"海风"图层选择【属性】，打开【图层属性】对话框，在弹出的对话框中选择【符号系统】→【分级符号】设置不同风力下的符号尺寸及颜色，选择【高级】→【旋转】选项进行符号角度设置，设置结果如图 17.25 所示。

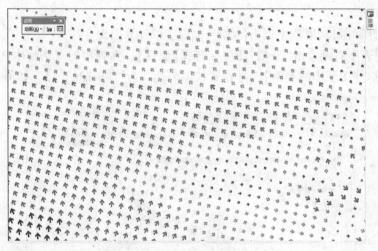

图 17.25　符号设置

17.7.2　高度设置

右键点击"海风"图层选择【属性】，打开【图层属性】对话框，在弹出的对话框中选择【基本高度】，设置数据为【在定义表面上浮动】，设置图层为"tin"，场景单位系数设置为"6.000"，添加常量高程偏移系数为"105"，使"风场"图层悬浮于影像图之上，结果如图 17.26 所示。

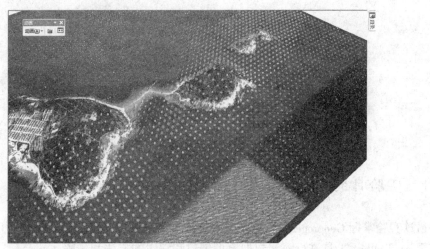

图 17.26 高度设置

第 18 章　数字海洋养殖模型建立

18.1　实验目的

通过实验掌握 Geoprocessing 的分析方法，掌握使用 ArcGIS 进行地理分析的过程，掌握使用 ArcToolbox 工具进行海洋数据模型创建和编辑的方法和步骤。

18.2　实验要求

将数字海洋养殖模型的海水温度、浮游生物密度、硝酸根离子浓度、磷酸根离子浓度、铵根离子浓度、水质、细菌等因素按照一定条件进行选择，得到适合养殖的海水区域。

要求如下：

[水温]>=18AND[水温]<=21

浮游生物密度：[密度]>=110

硝酸根离子浓度：[浓度]>=2.5

磷酸根离子浓度：[浓度]>=1.5

铵根离子浓度：[浓度]>=20

水质：[水质]='第三类水质'OR[水质]='第二类水质'OR[水质]='第一类水质'

细菌：[数量]>=4.5。

18.3　实验数据

数字海洋养殖模型采用"数字海洋养殖数据.mdb"文件下的"海水温度.shp"、"浮游生物密度.shp"、"硝酸根离子浓度.shp"、"磷酸根离子浓度.shp"、"铵根离子浓度.shp"、"水质.shp"、"细菌.shp"等数据。

18.4　软件配置

采用 ArcGIS10.0 以上版本的 ArcToolbox 工具，在目录窗口中新建模型工具，在 ArcToolbox 中选择所需使用的工具，添加数据，输入条件要求，经过验证执行模型获得结果图层。同时，也可以使用 ArcGIS 的属性选择方法得到满足条件的图层。

GIS 分析是研究地理数据的分布模式以及地理要素之间关系的过程。从大量的地理数据中，利用 GIS 软件中所提供的工具找出有价值的信息，就是一个地理分析的过程。GIS 分析可以观察地理数据的空间模式和空间关系，分析的结果可以帮助人们做出全面的、最好的选择或计划。

18.5　基于 Geoprocessing 进行地理分析

Geoprocessing 即地理处理，是 GIS 的核心操作，从已知的或者分析出来的数据中创建新的空间数据。也就是说，GIS 中除了地图绘制、数据创建和编辑、数据可视化外，几乎所有的基本功能都可以使用 Geoprocessing 来实现。ArcGIS 10.2 中有大量的 Geoprocessing 工具，几乎包括了所有 ArcGIS 桌面的功能，其中包括部分分析工具。因此，进行地理分析可以通过 Geoprocessing 进行。

使用 Geoprocessing 工具最常用和直接的方式是通过 ArcToolbox 窗口进行调用。在 ArcMap 或 ArcCatalog 中都可以通过点击工具栏上的图标 ▣ 调出 ArcToolbox 窗口，如图 18.1 所示。

图 18.1　ArcToolbox 窗口

在图 18.1 中，ArcToolbox 将相近用途的工具进行了归类，并将它们分组存放。要执行一个工具，直接在 ArcToolbox 窗口中找到并双击此工具，打开工具的对话框。可以点击对话框右下角的【工具帮助】按钮来显示此工具的帮助信息。每个工具都有需要填充的参数，其中必填参数前面会带一个绿色的小圆点。填充好参数后，点击【确定】，工具就会执行，如图 18.2 所示。

如果在一个数据处理或分析的过程中需要调用多个工具，逐个打开工具太繁琐，而且流程也不清晰，这种情况下可以考虑使用模型工具，即通过创建和执行自定义模型的方式来使用 Geoprocessing 工具。

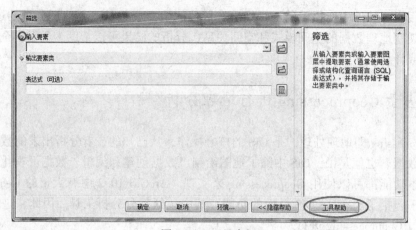

图 18.2 工具介绍

模型工具是 ArcGIS 中使用 Geoprocessing 的一种方式，可以把 ArcToolbox 中的工具直接拖曳到模型中组织成完整的流程并执行，对于要使用多个工具的操作过程来说非常简单快捷，而且可以得到直观清晰的流程图，有助于理解整个操作过程。

18.5.1 创建工具箱以及模型

ArcToolbox 窗口中的工具箱是系统提供的，模型放在此工具箱中，里面的工具也是固定的，无法更改。如果要创建模型，就必须在自定义的工具箱中进行创建。

(1)创建工具箱

在 ArcMap 右侧的目录窗中找到实验数据所在的文件夹，右键点击"数据"文件夹，选择【新建】→【工具箱】，如图 18.3 所示。

图 18.3 创建工具箱

命名新建的工具箱为"模型工具箱",如图 18.4 所示。

图 18.4　工具箱命名

(2)新建模型

右键点击新建的"模型工具箱",选择【新建】→【模型】,新建一个模型,如图 18.5 所示。

图 18.5　新建模型

在【模型】工具界面中,选择【模型】菜单下的【模型属性】,打开【模型属性】对话框,如图 18.6 和图 18.7 所示。

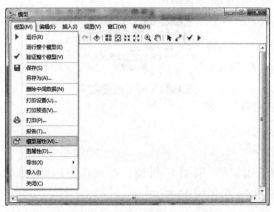

图 18.6　【模型属性】对话框

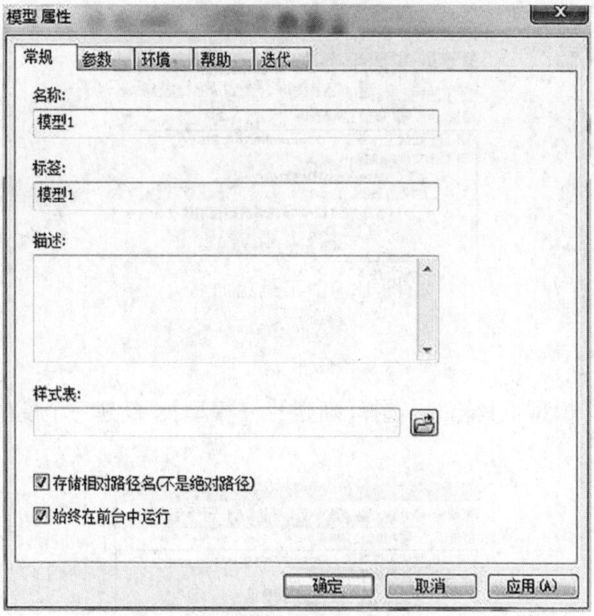

图 18.7　模型名称设置

【模型属性】对话框可以对整个模型进行设置。选择【常规】选项卡，在【名称】和【标签】中均输入“模型 1”，点击【确定】。名称是模型的名称，在 Geoprocessing 中使用到这个模型的时候，用名称来引用。标签是模型显示在工具箱里的显示名称。

点击菜单栏上的▣(保存模型)按钮，创建了一个空的模型，关闭模型界面。此时在 ArcToolbox 窗口的模型工具箱下可以看到创建的“模型 1”模型，如图 18.8 所示。

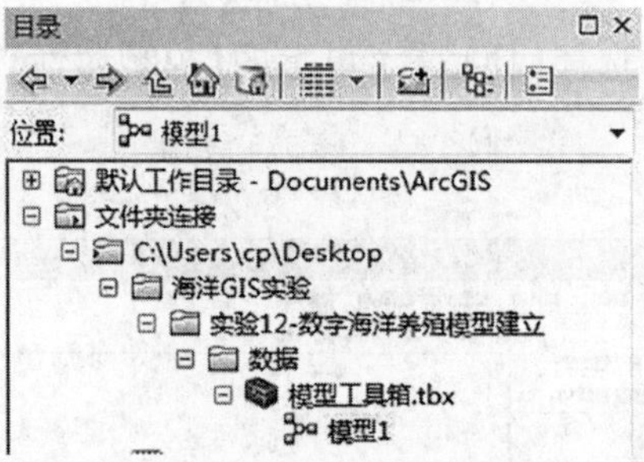

图 18.8　模型创建完成

18.5.2　模型编辑

右键单击 ArcCatalog 窗口的“模型 1”模型，在菜单中选择【编辑】，打开【模型界面】，开始编辑“模型 1”，如图 18.9 和图 18.10 所示。

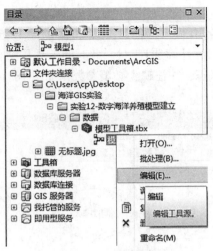

图 18.9　选择编辑

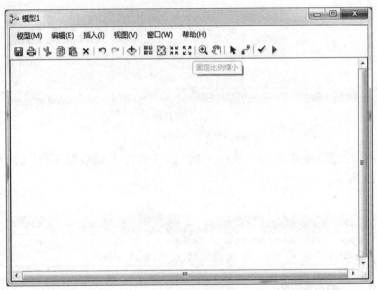

图 18.10　模型编辑

模型的组成元素主要有工具、数据、数值和连接器(Connect)。数据是指地理数据，包括输入数据和输出数据；数值是指非地理数据，如某个常数；工具是指对输入数据进行处理的操作，用黄色长方形表示；连接器(Connect)是一条表示过程顺序的线条，数据元素和工具元素由此相连，连接器的箭头指明过程的方向。另外，在模型中，输入数据经过工具处理得到输出数据的流程，称为过程(Process)。模型可繁可简，最简单的模型可能只有一个过程，但一般模型都是由多个过程组合而成的。

工具的添加可以直接从 ArcToolbox 窗口拖动到模型窗口中，地理数据的添加可以直接从 ArcCatalog 中拖动到模型中，也可以用模型界面工具栏中的 ✛ (添加数据或工具)按钮来添加。

（1）海水温度筛选

在 ArcToolbox 窗口点击【分析工具】工具箱，里面包含 4 个工具集，点击打开【提取分析】工具集，在此工具集中点击【筛选】工具。此时的工具是没有填充颜色的，说明这个工具还不是一个可以运行的状态，往往缺少必填参数，如图 18.11 所示。

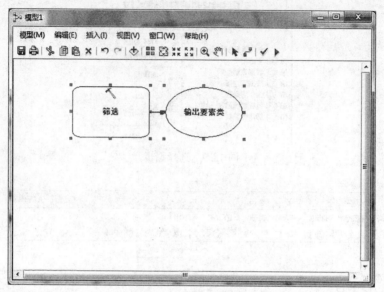

图 18.11　工具添加

点击 ✛（添加数据）按钮添加目录树下的"数字海洋养殖数据库"中的"海水温度"数据，如图 18.12 所示。

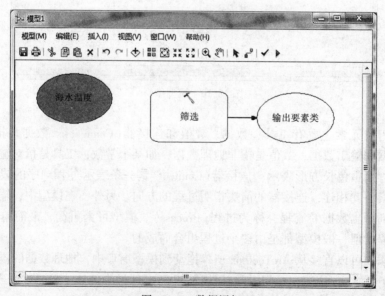

图 18.12　数据添加

点击【模型窗口】工具栏上的 ▱ (连接器) 按钮, 先在数据"海水温度"上单击一下, 然后在工具【筛选】上单击一下, 两者之间就添加了连接, 选择【输入参数】, 使得"海水温度"成为筛选工具的输入参数。此时工具和派生数据都填充了颜色, 表明工具已经是一个可以运行的状态, 如图 18.13 所示。

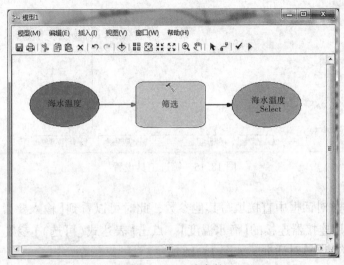

图 18.13　连接参数

【筛选】工具是从输入要素类或从输入要素图层中提取要素(通常使用选择或者结构化查询语句(SQL)表达式), 并将其存储于输出要素类中。

右键点击(或双击)模型中的【筛选】工具, 在弹出菜单中选择【打开】, 打开【筛选】工具的对话框, 如图 18.14 和图 18.15 所示。

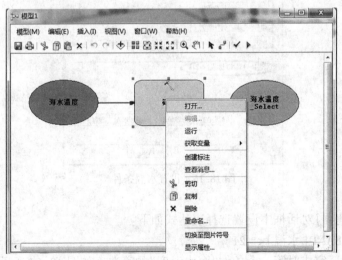

图 18.14　打开筛选工具

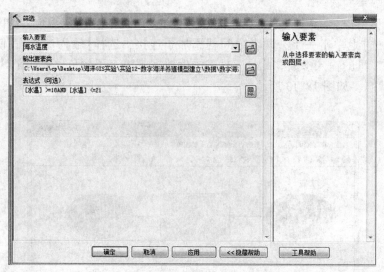

图 18.15　筛选工具设置

可以在【筛选】对话框中直接填写其他参数，此时可以看到【输入要素】这个参数已经有值，就是刚才用连接器连接的【海水温度】。点击【表达式(可选)】参数下的 (SQL)图标，打开【查询构建器】对话框，如图 18.16 所示。

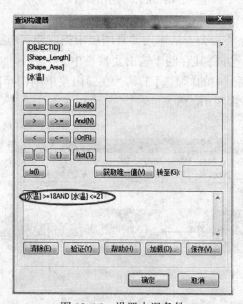

图 18.16　设置水温条件

在【查询构建器】对话框中设置选择表达式如下：

[水温]>=18AND[水温]<=21。

点击【确定】，完成对第一个条件"海水温度"的筛选，如图 18.17 所示。

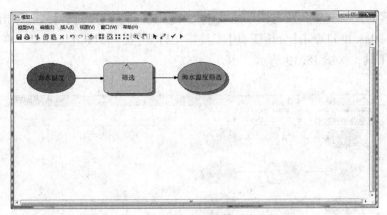

图 18.17 海水温度筛选完成

(2)其他因子筛选

依次根据胶州湾海域的盐度(包括硝酸根离子含量、磷酸根离子含量、铵根离子含量),浮游植物分布,细菌含量,海水水质等因素进行筛选。其中表达式依次如下:

浮游生物密度:[密度]>=110;

硝酸根离子浓度:[浓度]>=2.5;

磷酸根离子浓度:[浓度]>=1.5;

铵根离子浓度:[浓度]>=20;

水质:[水质]='第三类水质'OR[水质]='第二类水质'OR[水质]='第一类水质';

细菌:[数量]>=4.5。

得到的结果如图 18.18 所示。

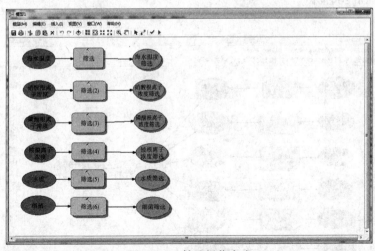

图 18.18 筛选操作完成

(3)图层相交

将根据表达式对各项影响因素进行筛选后生成的图层进行相交操作,【相交】工具是计算输入要素的几何交集，所有图层或要素类相互叠置的部分将被写入到输出要素类中。

　　在 ArcToolbox 窗口点击【分析工具】工具箱，打开【叠加分析】工具集，在此工具集中点击【相交】工具，如图 18.19 所示。

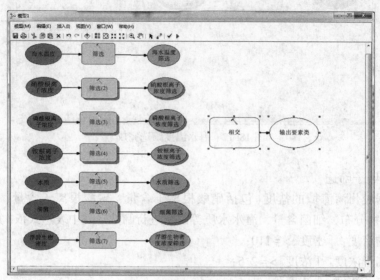

图 18.19　添加相交工具

　　点击【模型窗口】里工具栏上的 ⚡（连接器）按钮，依次将海水温度筛选、硝酸根离子浓度筛选、磷酸根离子浓度筛选、铵根离子浓度筛选、水质筛选、细菌筛选和浮游生物浓度筛选与相交之间添加了连接，选择【输入参数】，使得以上要素筛选成为相交工具的输入参数，如图 18.20 所示。

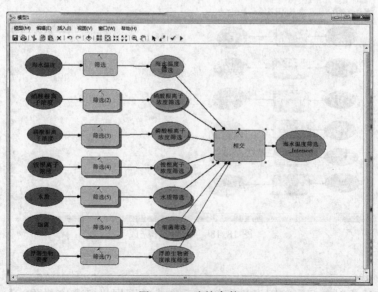

图 18.20　连接参数

右键点击(或双击)模型中的【相交】工具,在弹出菜单中选择【打开】,打开【相交】工具的对话框,如图 18.21 所示。

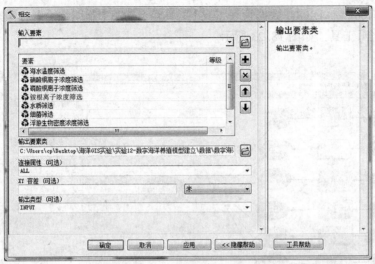

图 18.21 相交工具设置

可以在【相交】对话框中直接填写其他参数,此时可以看到【输入要素】这个参数已经有值,就是刚才用连接器连接的海水温度筛选、硝酸根浓度筛选、磷酸根浓度筛选、铵根离子浓度筛选、水质筛选、细菌筛选和浮游生物浓度筛选。选择输出要素类路径,点击【确定】,使用【相交】工具的模型构建完成,如图 18.22 所示。

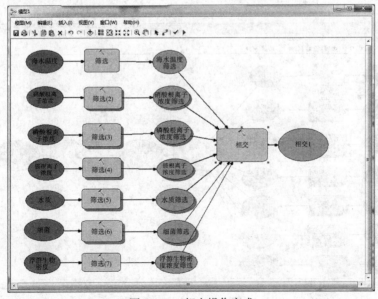

图 18.22 相交操作完成

（4）图层融合

将使用相交工具操作后生成的"相交 1"图层使用融合工具进行融合，生成符合要求的生态养殖区域。融合是基于指定属性生成聚合要素。

在 ArcToolbox 窗口点击【数据管理工具】工具箱，打开【制图综合】工具集，在此工具集中点击【融合】工具，如图 18.23 所示。

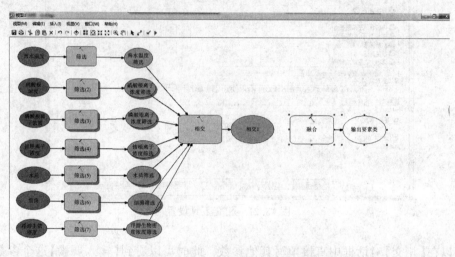

图 18.23　添加融合工具

点击 (连接器)按钮，点击"相交 1"和融合，使得"相交 1"与融合之间添加了连接，选择"输入参数"，"相交 1"成为融合工具的输入参数，如图 18.24 所示。

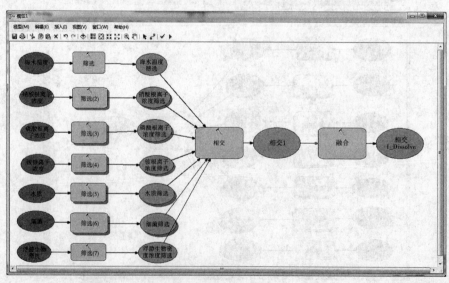

图 18.24　连接参数

右键点击(或双击)模型中的【融合】工具,在弹出菜单中选择【打开】,打开【融合】对话框,如图 18.25 所示。

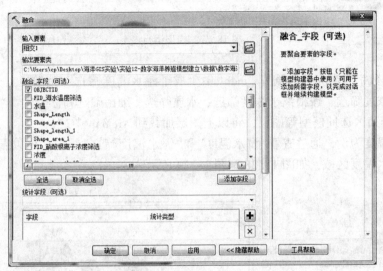

图 18.25 融合工具设置

可以在【融合】对话框中直接填写其他参数,此时可以看到【输入要素】这个参数已经有值,就是刚才用连接器连接的"相交 1"。选择输出要素类路径,点击【确定】,使用融合工具的模型构建完成,如图 18.26 所示。

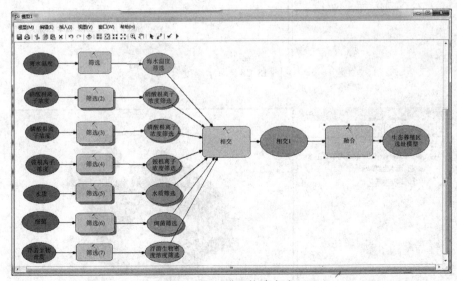

图 18.26 模型构建完成

至此,符合条件的生态养殖区域模型构建完成。
(5)模型验证与生成

在工具栏中依次点击【验证整个模型】→【运行】，如图 18.27 所示。

图 18.27   模型运行

此时的"数字海洋养殖数据库.mdb"中生成了海水温度筛选、硝酸根离子浓度筛选、磷酸根离子浓度筛选、铵根离子浓度筛选、水质筛选、细菌筛选和浮游生物浓度筛选，相交 1，生态养殖区选址模型等图层，将以上图层加载到 ArcMap 中。

以海水温度为例，通过查看"海水温度"和"海水温度筛选"图层，可以看到筛选后符合要求的海水温度区域，如图 18.28 和图 18.29 所示。

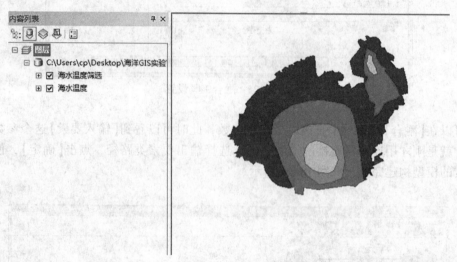

图 18.28   海水温度

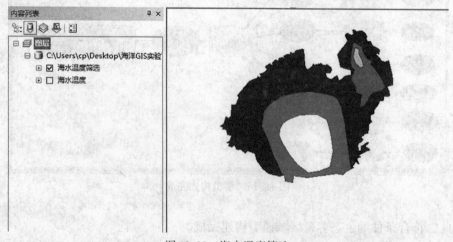

图 18.29   海水温度筛选

根据"模型1"生成的"生态养殖区选址模型"如图18.30所示。

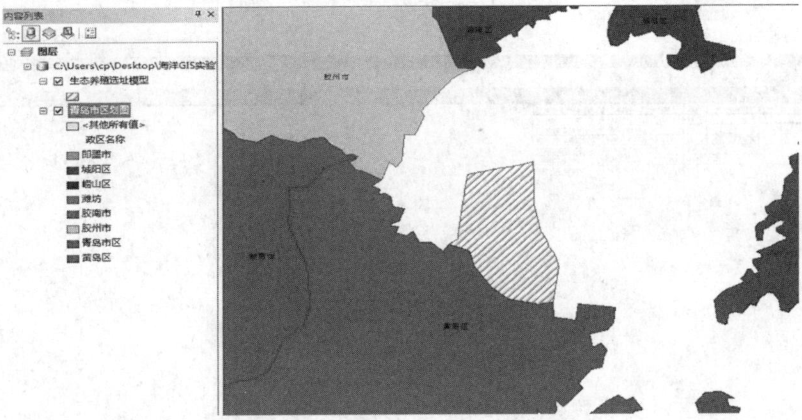

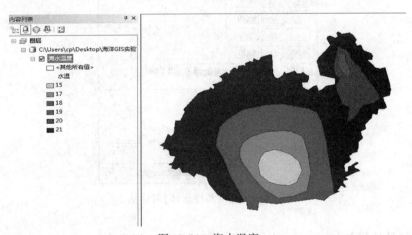

图18.30　生态养殖区选址

18.6　基于ArcGIS进行地理分析操作

ArcGIS为GIS分析提供了很多工具和模块，常用的地理分析功能都能实现。例如，查询功能可以进行基于空间关系的查询，编辑工具条和buffer工具可以进行缓冲区分析，Analysis Tools工具箱可以进行叠加分析，网络分析扩展模块可以进行网络分析，空间统计工具箱提供了空间统计分析的工具。通过胶州湾海域海水养殖选址区域的选择，来介绍ArcGIS中的地理分析过程。

18.6.1　海水温度选择

①首先找出符合条件的海水温度区域。

添加"数字海洋养殖数据库"中的"海水温度"图层数据，如图18.31所示。

图18.31　海水温度

②右键点击"海水温度"图层，选择【打开属性表】，打开"海水温度"图层属性表，如图 18.32 所示。

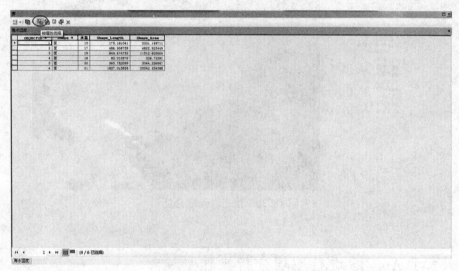

图 18.32　海水温度属性表

③选择属性表菜单栏上的按【属性选择】，打开【按属性选择】对话框，如图 18.33 所示。

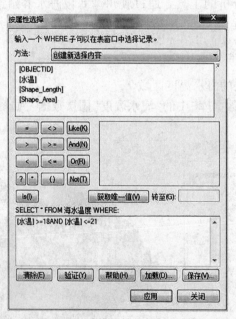

图 18.33　【按属性选择】对话框

在【按属性选择】对话框中，方法设置为"创建新选择内容"，选择表达式为"[水温]

$>=18AND[水温]<=21$"。设置完成后点击【确定】,便可看到部分多边形被选中,如图
18.34 所示。

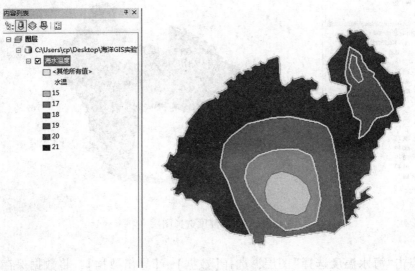

图 18.34 要素选择

④在保持部分多边形要素被选中的状态下,在内容列表中右键单击"海水温度"图层,
在弹出的菜单中点击【选择】→【根据所选要素创建图层】,用选中的要素创建一个新图层,
如图 18.35 所示。

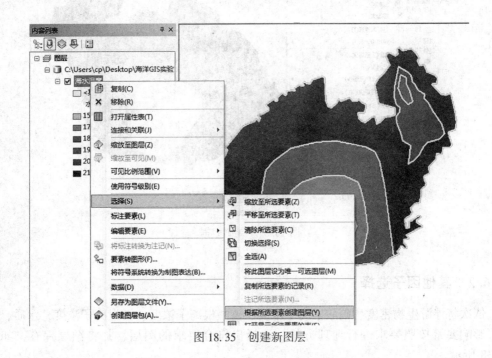

图 18.35 创建新图层

生成的"海水温度选择图层"就是满足要求的海水温度,如图 18.36 所示。

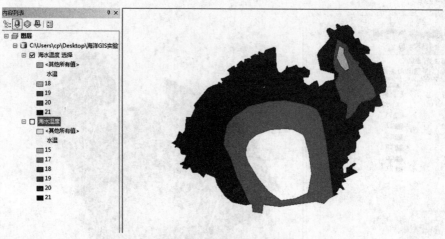

图 18.36   海水温度选择图层

⑤右键点击"海水温度选择"图层,选择【数据】→【导出数据】,将数据保存,如图
18.37 所示。

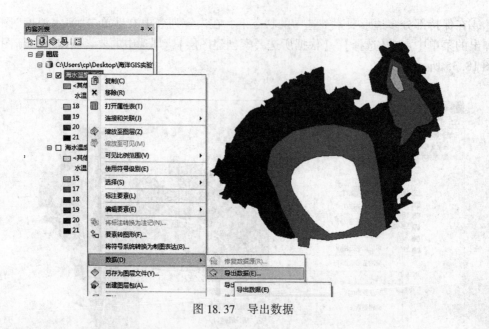

图 18.37   导出数据

18.6.2   其他因子选择

依次将浮游生物密度、硝酸根离子浓度、磷酸根离子浓度、铵根离子浓度,水质,细
菌等影响要素按照要求进行地理分析,选择出符合要求的图层,并将图层保存,如图
18.38 所示。

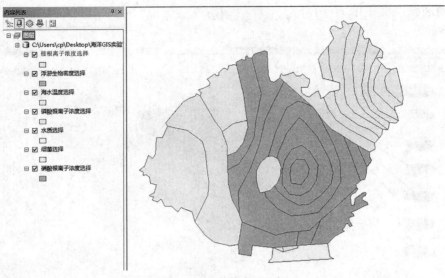

图 18.38 其他因子选择

18.6.3 图层相交

在目录树的模型工具箱下新建"模型 2"模型，使用相交工具将海水温度选择、浮游生物密度选择、硝酸根离子浓度选择、磷酸根离子浓度选择、铵根离子浓度选择、水质选择、细菌选择进行相交操作，如图 18.39 所示。

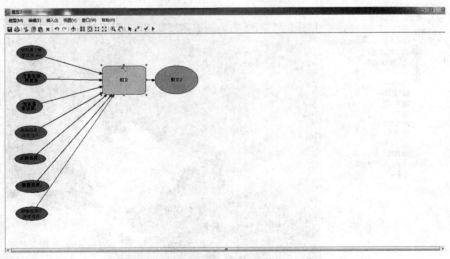

图 18.39 图层相交

18.6.4 图层融合

将使用相交工具操作后生成的"相交 2"图层使用融合工具进行融合，生成符合要求的生态养殖区域，如图 18.40 所示。

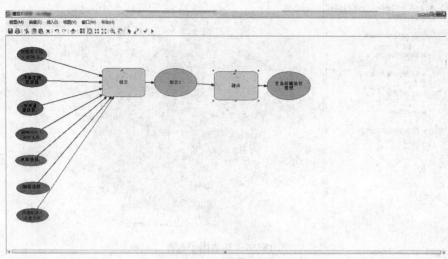

图 18.40　图层融合

18.6.5　模型验证与生成

依次点击【验证整个模型】→【运行】。

根据"模型 2"生成的生态养殖区选址模型，如图 18.41 所示。

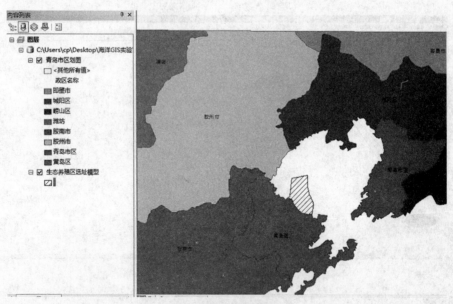

图 18.41　模型完成

主要参考文献

［1］汤国安，杨昕，等. 地理信息系统空间分析实验教程(第二版)［M］. 北京：科学出版社，2011.

［2］柳林，李万武，等. 地理信息系统设计与竞赛教程［M］. 北京：电子工业出版社，2015.

［3］吴静，何必，李海涛. ArcGIS 9.3 Desktop 地理信息系统应用教程［M］. 北京：清华大学出版社，2011.

［4］孙英君，陶华学. GIS 空间分析模型的建立［J］. 测绘通报，2001，35(4)：11-12.

［5］乌伦，刘瑜等. 地理信息系统原理、方法和应用［M］. 北京：科学出版社，2001.

［6］杨慧，慈慧. GIS 技能竞赛辅助"空间分析与建模"教学的探索与实践［J］. 测绘科学，2011，36(5).

［7］张成才，秦昆，等. GIS 空间分析理论与方法［M］. 武汉：武汉大学出版社，2004.

［8］宋小东，钮心毅. 地理信息系统实习教程［M］. 北京：科学出版社，2004.

［9］姜亚莉，张延辉. GIS 空间分析的应用领域［J］. 四川测绘，2004，27(3)：99-102.

［10］肖智，等. ArcGIS 软件应用——实验指导书［M］. 成都. 西南交通大学出版社，2015.

［11］陆守一，唐小明. 地理信息系统实用教程［M］. 北京：中国林业出版社，1999.

［12］丁国祥. ArcGIS 三维分析实用指南［C］. ArcInfo 中国技术咨询与培训中心，2002.

［13］百度文库. ArcGIS 轻松入门教程——ArcGIS for DeskTop［EB/OL］. https://wenku.baidu.com/view/764598e9af1ffc4fff47ac05.html.

［14］百度经验. ArcGIS 地形分析——TIN 及 DEM 的生成，TIN 的显示［EB/OL］. http://jingyan.baidu.com/article/2d5afd699f57df85a2e28eee.html.

［15］ESRI Inc. ArcGIS 10.2-Geoprocessing_in_ArcGIS，Redland，CA. 2012.

［16］ESRI Inc. ArcGIS 10.2-Using_ArcGIS_Spatial_Analyst，Redland，CA . 2012.

［17］ESRI Inc. ArcGIS 10.2-Using _ArcCatalog，Redland，CA. 2012.

［18］ESRI Inc. ArcGIS 10.5-Using _ArcGIS_Spatial_Analyst，Redland，CA. 2015.

［19］ESRI Inc. ArcGIS 10.5-Editing in ArcMap，Redland，CA . 2015.

［20］ESRI Inc. ArcGIS 10.2 Help. 2012.

［21］ESRI Inc. ArcGIS 10.5 Help. 2015.